Navisworks
2018 从入门到精通

益埃毕教育　组编

主　编　侯佳伟

副主编　杨新新　王金城　杨　明

参　编　苗万龙　刘火生　余学海　肖世鹏　李腾　符明杰
　　　　吕晓峰　向　莉　曾志明　骆文杰

中国电力出版社
CHINA ELECTRIC POWER PRESS

内 容 提 要

  Autodesk Navisworks 软件是一款用于分析、虚拟漫游及仿真和数据整合的全面校审和三维数据协同 BIM 解决方案的软件。具有强大的模型整合能力，可以快速地将多种 BIM 软件产生的二维、三维模型整合成一个完整的模型，以进行后续的虚拟漫游、碰撞检测、冲突检测、4D/5D 施工模拟、渲染、动画制作和数据发布等。

  本书主要是帮助用户了解 Navisworks 软件的价值和作用，掌握 Navisworks 软件基本操作。全书共分 11 章，主要介绍了软件的基本操作、界面认知、实时漫游、动画的制作与修改，利用 Navisworks 软件进行审阅批注及校审，制作集合控制模型的外观，使用碰撞检测功能检测模型的碰撞点及导出相应的碰撞报告，渲染的主要功能，人机动画的使用，Timeliner 的施工模拟运用，软件在使用过程中的一些小技巧等。

  本书可供建筑行业的 BIM 设计、施工人员参考，也可供 BIM 爱好者以及相关社会培训班的学员使用和参考。

图书在版编目（CIP）数据

Navisworks 2018 从入门到精通 / 益埃毕教育组编. —北京：中国电力出版社，2017.10（2019.1 重印）
ISBN 978-7-5198-1110-5

Ⅰ. ①N…　Ⅱ. ①益…　Ⅲ. ①建筑设计–计算机辅助设计–应用软件　Ⅳ. ①TU201.4

中国版本图书馆 CIP 数据核字（2017）第 217898 号

出版发行：中国电力出版社
地　　址：北京市东城区北京站西街 19 号（邮政编码 100005）
网　　址：http://www.cepp.sgcc.com.cn
责任编辑：周　娟　杨淑玲（010－63412602）
责任校对：闫秀英
装帧设计：王红柳
责任印制：杨晓东

印　　刷：北京九天众诚印刷有限公司印刷
版　　次：2017 年 10 月第 1 版
印　　次：2019 年 1 月北京第 2 次印刷
开　　本：787mm×1092mm　16 开本
印　　张：15.5
字　　数：379 千字
定　　价：68.00 元（含 1DVD）

前　　言

建筑信息模型（Building Information Modeling，以下简称 BIM）技术是设计与施工的三维虚拟化数字技术，BIM 技术能够应用于工程规划、勘察、设计、制造、施工及运营维护等各阶段，实现建筑全生命周期各参与方和环节的关键数据共享及协同，是实现建筑业转型升级、促进绿色建筑发展、提高建筑业信息化水平和推进智慧城市建设的基础性技术。BIM 技术可实现对工程环境、能耗、经济、质量、安全等性能方面的分析、检查和模拟，为项目全过程方案优化、科学决策、虚拟建造和协同提供技术支撑，为建设工程提质增效、节能环保创造条件，实现建筑业可持续发展。BIM 的深入应用和发展，将有利于整合设计、生产、施工、运维等整个产业链；有利于建筑业生产组织模式创新；有利于市场资源合理配置；有利于推动行业创新变革。

为了实现 BIM 技术会使用很多种工具，最常使用的是 Autodesk 公司提供的解决方案。使用 Revit 作为建模软件，使用 Navisworks 软件实现设计协调、施工过程管理、多信息集成应用。本书由浅入深地从基础界面的介绍到复杂动画的制作，逐步向用户展现 Navisworks 的强大功能。

本书共分为 11 章。第 1 章主要介绍软件的基本状况让用户了解软件的功能及历史发展，软件可以支持的格式等。第 2 章主要介绍软件的基本操作，界面认知，帮助用户对整个软件有一个整体的认识及把控。第 3 章和第 4 章主要讲解的是实时漫游，动画的制作与修改。第 5 章讲解怎样利用 Navisworks 软件进行审阅批注及校审等功能。第 6 章讲解的是制作集合控制模型的外观。第 7 章使用碰撞检测功能检测模型的碰撞点及导出相应的碰撞报告。第 8 章介绍渲染的主要功能。第 9 章介绍人机动画的使用。第 10 章介绍 TimeLiner 的施工模拟运用，导入外部的数据源对施工模拟进行快速的创建等功能。第 11 章介绍 Navisworks 软件在使用过程中的一些技巧。

本书编写的初衷是方便用户使用和查阅，本书系统地介绍了 Navisworks 的主要功能和相关命令，目的是为了让读者在使用的过程中有问题可以随时查阅，找到症结并快速解决问题。希望本书在广大用户学习的过程中能够给予一定的帮助。

益埃毕集团是国内领先且具有竞争力的 BIM 供应商，团队成员从 2008 年开始研究、使用、推广 BIM 技术，是国内第一批专业 BIM 领域的探索者。益埃毕集团构建了以 BIM 业务领域设立专业公司和地域布局设立分公司的集团管理架构，搭建了专业精细分工、集团资源共享的服务模式，立足上海、广州、北京，面向全国。集团旗下有益埃毕咨询、益埃毕产品、益埃毕教育、EaBIM、BIMO2O 等专业板块。

最后衷心感谢上海益埃毕集团董事长杨新新的鼎力支持，以及同事们的理解。

欢迎关注我们的官方微信公众号

微信公众号：EABIM_

目　　录

第1章　Navisworks 基础概论

1.1　Navisworks 在 BIM 中的定位及功能

在 20 世纪 90 年代中期，Tim Wiegand 在英国剑桥大学开发出 Navisworks 的原型产品，并成立 Navisworks 公司。2007 年该公司由美国 Autodesk 公司收购。Navisworks 是一款 3D/4D 协助设计检视软件，针对建筑、工厂和航运业中的项目生命周期，能提高质量，提高生产力。Navisworks 可以进行可视化和仿真，分析多种格式的三维设计模型。Autodesk Navisworks 解决方案支持所有项目相关方可靠地整合、分享和审阅详细的三维设计模型，在建筑信息模型工作流中处于核心地位。而 BIM 的意义就是在设计与建造阶段及之后，创建并使用与建筑项目有关的、相互一致且可计算的信息。

Autodesk Navisworks 软件是一个用于综合项目查看解决方案的软件，可用于分析、模拟以及交流设计意图和可施工性。可以将建筑信息模型（BIM）、数字化样机和化工装置设计应用中创建的多学科设计数据合并成一个集成的项目模型。干扰管理工具和碰撞检测工具可帮助设计专家和施工专家在施工开始之前预见并避免潜在问题，从而尽可能减少代价昂贵的延期和返工。Navisworks 将空间协调与项目进度表相结合，提供四维模拟和分析功能。可以用 NWD 文件格式发布和自由查看整个项目模型。

1.2　七大核心功能

1. 轻量化模型整合平台

Navisworks 软件是一款很好的平台软件，它可以将 Auto–CAD、Revit、Civil 3D、MicroStation、Catia、Sketchup、Rhino 等工程建设行业主流平台的 BIM 信息模型整合到 Navisworks 软件中，通过对模型的整合，可以最大限度地发挥模型的作用，将不同专业、不同平台搭建的模型进行整合，可以查看模型的整体效果和模型与模型之间的信息状态。在整合模型的过程中，Navisworks 平台还可以对整合过来的模型进行轻量化的处理，对大而复杂的模型进行压缩，保留我们需要看到的特定信息。

2. 实时漫游

Navisworks 软件中提供漫游和飞行功能，可以让我们在模型中进行快速流畅的观察。漫游功能比较适合在小的场景中使用对模型进行查看，飞行功能比较适合在大的场景中进行观察，例如机场、车站、桥梁隧道以及大的地形地貌等。图 1–1 所示为调用第三人辅助在某一层中进行查看浏览模型。在 Navisworks 软件中制作漫游或飞行的特点是快速、便捷，在进行漫游或飞行的过程中我们还可以对漫游或飞行的路径进行记录，即形成视频文件。

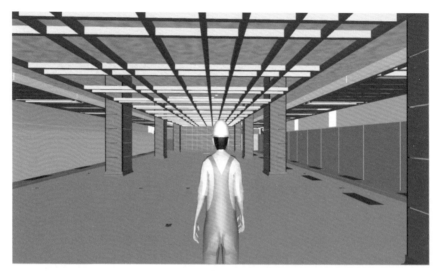

图 1-1

3. 审阅批注

Navisworks 可以在特定的视点下进行审阅批注功能操作，如图 1-2 所示。就像用相机拍了一张照片，然后在上面进行一些信息批注。审阅批注所创建的红线批注和文字注释信息可以单独保存成外部文件，方便下一位工程师根据审阅批注对模型进行调整。

图 1-2

4. 碰撞检测

通常我们会将多专业的模型放到 Navisworks 平台中进行整合，在整合到一起之后，Navisworks 软件可以识别到模型构件的几何空间信息，对模型进行碰撞检测，检测出各个模型构件之间的碰撞问题，如图 1-3 所示，并将这些问题图文并茂地记录下来形成表格，方便设计师对模型进行二次修改调整。

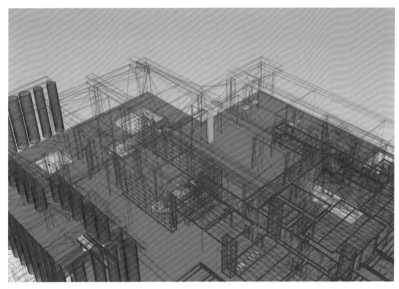

图 1-3

5. 渲染

Navisworks 软件主要是一款模型整合查看浏览模型的平台，在查看浏览模型的过程中演化出许多与浏览查看相关的命令，渲染命令也是其中之一，当我们走到特定视点后，可以对该视角下模型进行添加灯光和材质，并对其进行渲染。在 Navisworks 中渲染的特点是速度快，能达到一个照片级快速渲染效果，如图 1-4 所示。

图 1-4

6. 人机动画

Navisworks 软件支持人与电脑中的模型构件发生关联，即发生互动，例如：可以在场景中模拟人走到门前，让门自动打开，制作一种感应门的效果；或者模拟人走到门前，碰一下门，模拟敲门的动作，让门打开。这些都是我们与模型的一个互动过程。

  7. 施工模拟

  施工模拟是通过已有的模型构件模拟现实中建造的过程，如图 1-5 所示。例如：人们通常会在复杂管线的节点位置进行施工模拟，施工模拟可以把管线的安装顺序十分清晰地表达出来，一目了然，让工人在施工的过程中更有条理。施工模拟比较普遍地用在地铁站的管线排布、复杂机房的管线、幕墙的施工安装等复杂位置。在 Navisworks 软件中模型不仅可以按照先后顺序显示出来，还可以与时间和成本发生关联，即常说的 4D、5D 模拟。

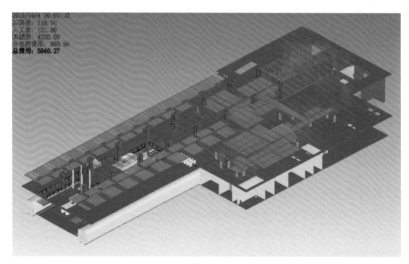

图 1-5

1.3 三款核心软件

  Autodesk Navisworks 软件系列包括三款产品，能够帮助用户加强对项目的控制，使用现有的三维设计数据透彻了解并预测项目的性能，即使在最复杂的项目中也可以提高工作效率，保证工程质量。

  （1）Autodesk Navisworks Manage 软件可以全面审阅解决方案，用于保证项目顺利进行。Navisworks Manage 将精确的错误查找和冲突管理功能与动态的四维项目进度仿真和照片及可视化功能完美结合，方便设计和施工管理专业人员使用。

  （2）Autodesk Navisworks Simulate 软件能够精确地再现设计意图，制定准确的四维施工进度表，超前实现施工项目的可视化。在实际动工前，用户就可以在真实的环境中体验所设计的项目，更加全面地评估和验证所用材质和纹理是否符合设计意图。

  （3）Autodesk Navisworks Freedom 软件是免费的 Autodesk Navisworks NWD 文件与三维DWF 格式文件的浏览器。

1.4 文件格式

  1. NWD 文件格式

  NWD 文件包含所有模型几何图形以及特定于 Navisworks 的数据，如审阅标记。可以将

NWD 文件看作是模型当前状态的快照，即此格式包含所有模型和此模型当中的一些标记、视点及相关设置属性等数据。

NWD 文件非常小，它可以将 CAD 数据最大压缩为原始大小的 80%。

2. NWF 文件格式

NWF 文件包含指向原始原生文件（在【选择树】上列出）以及特定于 Navisworks 的数据（如审阅标记）的链接。可以理解为此文件是用来管理链接文件的文件，此文件格式不会保存任何模型几何图形，只有一些相关设置属性，这使得 NWF 的大小比 NWD 还要小很多。

3. NWC 文件格式（缓存文件）

在默认情况下，在设计软件中导出或用 Navisworks 直接打开任何原生三维设计软件文件时，Navisworks 将会在原始文件所在的目录中创建一个与原始文件同名但文件扩展名为 nwc 的缓存文件。

由于 NWC 文件比原始文件小，因此可以加快对常用文件的访问速度。下次在 Navisworks 中打开或附加文件时将从相应的缓存文件中读取数据。Navisworks 将转换和更新文件，并为其创建一个新的 NWC 缓存文件。

4. 数据交互

Navisworks 的数据交互是指其读取和发布其他计算机辅助设计（CAD）软件模型数据行为。因其本身可以支持读取多达几十种主流三维设计软件的数据格式，如图 1-6 所示。所以它的数据交互能力非常好。

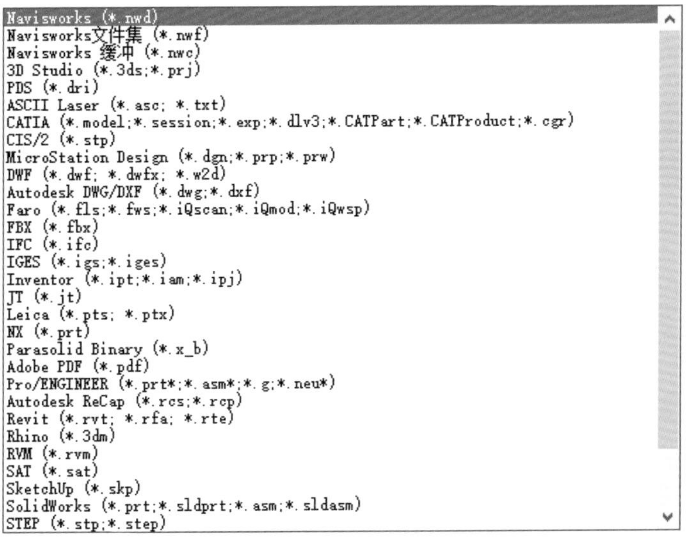

```
Navisworks (*.nwd)
Navisworks文件集 (*.nwf)
Navisworks 缓冲 (*.nwc)
3D Studio (*.3ds;*.prj)
PDS (*.dri)
ASCII Laser (*.asc; *.txt)
CATIA (*.model;*.session;*.exp;*.dlv3;*.CATPart;*.CATProduct;*.cgr)
CIS/2 (*.stp)
MicroStation Design (*.dgn;*.prp;*.prw)
DWF (*.dwf; *.dwfx; *.w2d)
Autodesk DWG/DXF (*.dwg;*.dxf)
Faro (*.fls;*.fws;*.iQscan;*.iQmod;*.iQwsp)
FBX (*.fbx)
IFC (*.ifc)
IGES (*.igs;*.iges)
Inventor (*.ipt;*.iam;*.ipj)
JT (*.jt)
Leica (*.pts; *.ptx)
NX (*.prt)
Parasolid Binary (*.x_b)
Adobe PDF (*.pdf)
Pro/ENGINEER (*.prt*;*.asm*;*.g;*.neu*)
Autodesk ReCap (*.rcs;*.rcp)
Revit (*.rvt; *.rfa; *.rte)
Rhino (*.3dm)
RVM (*.rvm)
SAT (*.sat)
SketchUp (*.skp)
SolidWorks (*.prt;*.sldprt;*.asm;*.sldasm)
STEP (*.stp;*.step)
```

图 1-6

除了读取和发布以外，Navisworks 还可以导出以下的一些数据格式，便于数据交互，进行信息的传递。

（1）DWF/DWFx 格式。

（2）Google Earth KML 格式。

（3）FBX 格式。

（4）XML 格式。

（5）XML 搜索集。

（6）XML 视点文件。

（7）XML 碰撞报告文件。

（8）XML 工作空间。

（9）NWP 材质选项卡文件。

1.5 Revit 模型导出 Navisworks 文件

Navisworks 可以对 Revit 模型进行浏览和查看，用 Navisworks 打开 Revit 文件进行查看主要有两种方式。

1. 将 Revit 平台的项目文件或族文件导出成 nwc 文件

当安装完成 Navisworks 软件之后，打开 Revit 软件，打开要导出的项目，会发现 Revit 选项卡上面会多出"附加模块"，单击附加模块下的外部工具，可以选择将 Revit 文件导出成 nwc 文件，如图 1-7 所示。如果用户的电脑中安装了 Navisworks 其他版本，就会有其他版本的导出选项。用户选择适合自己电脑的导出版本，执行导出的命令。

图 1-7

在进入导出的界面中，不要急着单击"保存"，首先要对导出的 nwc 文件进行一些设置，单击如图 1-8 所示红框位置。进入 Navisworks 导出设置的界面中。

图 1-8

进入导出的设置界面之后，需要对相关的选项进行设置，如图 1–9 所示，首先看一下各个选项的意义。

（1）尝试查找丢失的材质：如果选中此复选框，则文件导出器会为从导出丢失的材质查找匹配项。

注意：如果结果将不适当的材质应用到模型几何图形，请清除此复选框以修复该问题。

（2）导出：指定导出几何图形的方式。从以下选项中选择：

整个项目：导出项目中的所有几何图形。

当前视图：导出当前可见的所有几何图形。

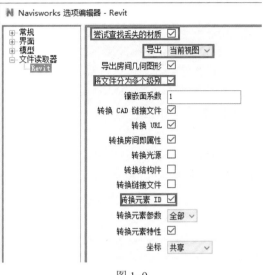

图 1–9

选择：仅导出当前选定的几何图形。

（3）导出房间几何图形：指示是否导出房间几何图形，选项仅在选择导出整个项目时生效。

（4）将文件分为多个级别：指示是否在"选择树"中将 Revit 文件结构拆分为多个级别。默认情况下，此复选框处于选中状态，并且 Revit 文件将按"文件""类别""族""类型"和"实例"进行组织。

（5）镶嵌面系数：输入所需的值可控制发生的镶嵌面的级别。镶嵌面系数必须大于或等于 0，值为 0 时，将导致禁用镶嵌面系数。默认值为 1。要获得两倍的镶嵌面数，请将此值加倍。要获得一半的镶嵌面数，请将此值减半。镶嵌面系数越大，模型的多边形数就越多，且 Navisworks 文件也越大。

（6）转换 CAD 链接文件：勾选此选项在 Naviswork 中打开或附加任何原生 CAD 文件或激光扫描文件时，将在原始文件所在的目录中创建一个与原始文件同名但文件扩展名为 nwc 的缓存文件。

（7）转换 URL：指示是否转换 URL 特性数据。默认情况下，此复选框处于选中状态，并且超链接在已转换的文件中受支持。

（8）转换房间即属性：指示房间属性是否受支持。默认情况下，此复选框处于选中状态，并且每个房间的数据将转换为一个共享房间属性。

（9）转换光源：选中此复选框可转换光源。如果清除此复选框，文件读取器会忽略光源。

（10）转换结构件：当使用 Revit 建模和部件功能时，可以使用一个选项将原始对象或零件导出到 Navisworks 中。如果要导出零件，请选中此复选框；如果要导出原始对象，请清除此复选框。

（11）转换链接文件：Revit 项目可以将外部文件作为链接嵌入。如果选中此复选框，链接的文件将包含在导出 nwc 文件中。默认情况下会清除此复选框。

注意：仅可以导出链接的 rvt 文件；链接的 DWG 和任何其他文件格式不受支持。

（12）转换元素 ID：选中此复选框可导出每个 Revit 元素的 ID 数。如果清除此复选框，文件导出器会忽略 ID。

（13）转换元素参数：指定读取 Revit 参数的方式。从以下选项中选择：

无：文件导出器不转换参数。

元素：文件导出器转换所有找到的元素的参数。

全部：文件导出器转换所有找到的元素（包括参照元素）的参数。这样，会在 Navisworks 中提供额外的特性选项卡。

（14）转换元素特性：选中复选框可将 Revit 文件中的每个元素的特性转换为 Navisworks 特性。如果要保留原始 Revit 特性，请将此复选框留空。

（15）坐标：指定是使用共享坐标还是内部坐标进行文件聚合。默认情况下，将使用共享坐标。可以在 Revit 之外查看和修改共享坐标。

通常情况下，只勾选如图 1-9 框选的几个选项，第一个选项的目的是避免导出的时候缺失材质。第二个选项的目的是仅导出当前视图，使用该选项时，通常在三维视图进行操作，目的是使模型所见即所得。在此操作过程中可以设置图元的显示还是隐藏。达到所见的模型即导出的模型的方式。第三个选项是将文件分为多个级别，目的是能在 Navisworks 中方便后期制作集合和动画。第四个选项是转换元素 ID，选中此复选框，目的是导出的 nwc 文件中可导出每个 Revit 元素的 ID 号。如果使用导出的 nwc 文件做碰撞检测，那么可以通过碰撞检测结果中的元素 ID 参数再回到 Revit 文件中进行元素查找，对碰撞位置进行修改，如图 1-10 和图 1-11 所示。

图 1-10

图 1-11

2. 直接用 Navisworks 打开 Revit 文件

直接使用 Navisworks 打开 Revit 文件，在打开的过程中也会生成相应的 nwc 缓冲文件，该 nwc 文件会和打开的 Revit 文件同名称。与第一种方法相比在时间上相差不多，下次再打开的时候也可以直接打开这个 nwc 文件进行模型的查看浏览。

由于在 Revit 文件中进行导出可以"设置所见即所得"的效果，可以精确设置想要导出的模型图元，所以优先推荐第一种方法，但是也不排除第二种方法的使用，比如在使用 Navisworks 中的刷新命令时，就需要使用第二种方法进行模型的打开查看。

第2章 界 面 操 作

2.1 初识 Navisworks

1. Navisworks 配置环境

Navisworks 是标准的 Windows 应用程序。Navisworks Manage 2014 版本软件可以在 32 位的 Windows 7 或 64 位的 Windows 7 及以上版本系统安装使用,而 Navisworks Manage 2015、Navisworks Manage 2016、Navisworks Manage 2017、Navisworks Manage 2018 版本软件仅可以在 64 位的 Windows 7 及以上版本系统安装使用。Windows 64 位的计算能力比 Windows 32 位的操作系统有一定的优势。建议用户使用 64 位的 Windows 7 或以上版本系统运行该产品。

2. 用户界面布置

Navisworks 的用户界面秉承了 Autodesk 系列软件同样的 Ribbon 风格,Ribbon 界面最早被微软应用在 Office 2007 系列产品中。相对于传统的 Windwos 菜单风格,它具有更为科学的任务组织模式,秉承相关工作原则,使界面更简单,使命令的查找、使用更加有效率。在当前的 Autodesk 绝大多数产品中,均采用这种格式的界面,顺应用户操作习惯。

接下来打开 Autodesk Navisworks Manage 2018 的软件操作界面,来认识一下该软件的基础界面,如图 2-1 所示。

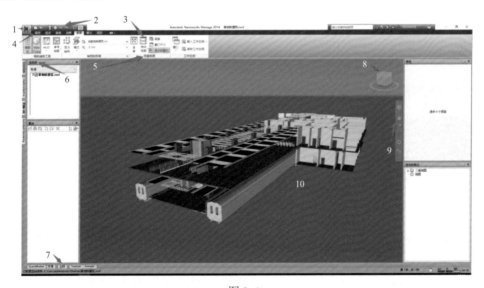

图 2-1

（1）应用程序菜单：包含常规的新建、打开、保存、导出、发布、打印等命令。

（2）快速访问工具栏：包含一些常用命令的图标。

（3）工具：命令工具行,单击任意命令可进入该命令。

（4）选项卡：选项卡是对命令进行第一级别的分类，方便查找命令。

（5）面板：不同的面板中也包含不同的命令，对命令进行第二级别的分类。

（6）固定的工具窗口：一些主要功能可固定在场景视图中。

（7）隐藏的工具窗口：一些主要功能可隐藏在场景视图中，单击该工具窗口名称，可将其调出使用。

（8）ViewCube：视图立方，可通过不同方向查看模型。

（9）导航栏：包含对模型进行导航和定位的相关工具。

（10）场景操作区域：查看和操作三维模型的区域。

2.2 功能区的基本命令

本书讲解该软件时选择的是 Navisworks Manage 2018，该套件产品包含 Navisworks 的全部功能。安装完成 Navisworks 之后，用户可以像其他的应用程序一样通过双击桌面上的 Navisworks Manage 2018 快捷图标或单击桌面上的"开始"→"所有程序"→"Navisworks Manage 2018"→"Manage 2018"来启动 Navisworks Manage 2018。这时，用户需要注意在选择的时候是选择 Navisworks Manage 而不是 Navisworks Freedom，或者 Navisworks Manage（BIM360），请用户注意这两者的差别，如图 2-2 所示。

图 2-2

提示：为了方便以后的课程讲解，后面均将 Autodesk Navisworks Manage 2018 简称为 Navisworks。

1. 应用程序菜单

启动 Navisworks 后，将进入一个默认的无标题空白场景界面，如图 2-3 所示。单击界面左上角的应用程序菜单（图标为绿色的大"N"），在这里可以实现对模型的一些操作以及对整个 Navisworks 软件的基础设置，如图 2-4 所示。

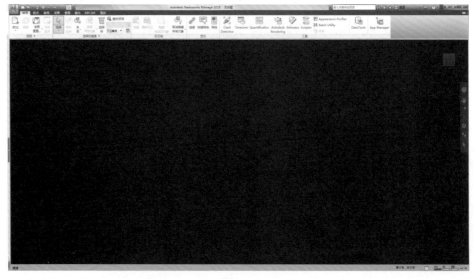

图 2-3

（1）新建：新建一个空白项目，之后可通过后期的附加或者合并进行模型的添加打开。

（2）打开：单击打开后的三角箭头，会发现有 4 个选项：

1）打开：即直接打开模型文件，在直接打开的过程中用户需要注意文件类型的选择，单击不同的文件类型，显示的模型状态个数是不一样的。需要选择相应的模型类别，然后进行打开，或者直接选择（所有文件*.*），进行所有模型文件的查看，选择需要的文件打开。

2）打开 BIM360：可以打开并附加 BIM 360 模型，或为本地模型附加 BIM 360 模型，然后在 Navisworks 中对齐或编辑模型。保存回 BIM 360，使项目团队能够访问最新的已协调模型。

图 2-4

3）打开 URL：通过此选项可从互联网上或当前计算机上得到的文件的位置进行打开。例如选择案例文件中的站厅层–给排水.nwc 文件，单击右键查看属性，如图 2-5 所示。将位置及名称输入到空白框中，如图 2-6 所示，单击确定，软件会根据文件所在位置打开模型。

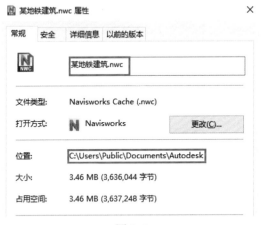

图 2-5

图 2-6

4）样例文件：打开软件自带的样例文件，这些样例文件可以帮助用户进行软件的学习，如果用户没有相应的模型文件进行软件学习，可以打开这些样例文件进行学习操作。样例文件中包含了许多种类型的文件，可以方便用户查看学习。

（3）保存：单击保存可以对当前模型进行保存操作，保存的时候可以选择保存的文件类型。Navisworks软件保存文件时可以保存成低版本格式的文件，由于使用的是 Navisworks 2018 版本的，所以保存时可以选择保存为 2017 版本、2016 版本、2015 版本的，且需要选择保存为 Navisworks（*.nwd）还是 Navisworks 文件集（*.nwf），如图 2-7 所示。关于 nwd 格式和 nwf 格式的区别在第一章中也已经有了讲解，这里就不在赘述。

所有文件(*.*)

| Navisworks 2016-2018 (*.nwd) |
| Navisworks 2016-2018 文件集 (*.nwf) |
| Navisworks 2015 (*.nwd) |
| Navisworks 2015 文件集 (*.nwf) |
| 所有文件 (*.*) |

图 2-7

（4）另存为：另存和保存文件的设置都是一样的，区别就在于每一次的另存都可以进行文件保存位置的选择，而保存文件只能是在第一次保存文件的时候可以设置保存的路径，之后的保存就会一直存到这个位置上并覆盖之前保存的文件。

将几何图形和数据导出到外部文件。

三维 DWF/DWFx
将当前三维模型导出为 DWF 或 DWFx文件。

FBX
将当前三维模型导出为 FBX 文件。

Google Earth KML
将当前三维模型导出为 Google Earth KML 文件。

图 2-8

器查看三维或二维 DWF 文档。

FBX 格式：FBX 格式是 Autodesk 开发的用于在 Maya、3D MAX 等动画软件间进行数据交换的数据格式。目前 Autodesk 公司的产品 3D MAX、Revit 等均支持该数据格式的导出。在 FBX 文件中，除保存三维模型外，还将保存灯光、摄影机、材质设定等信息，以便于在 Maya 或 3D MAX 等软件中制作更加复杂的渲染和动画表现。

Google Earth KML：用于将模型发布至 Google Earth 中，在 Google Earth 中显示当前场景与周边已有建筑环境的关系，用于规划、展示等。

（6）发布：发布当前项目，在发布对话框中，如图 2-9 所示。可对即将发布的 nwd 数据添加标题、作者等项目注释信息。其中还有一个比较关键的功能，可以对发布的 nwd 数据设置密码，并且可以设置相应的过期日期，使得发布的 nwd 数据信息更加安全可靠。

过期日期是当 nwd 数据过期时，即使有该 nwd 数据的密码，也无法再打开该 nwd 文件。

在发布的 nwd 数据时，可以将当前场景中已设

（5）导出：可以将 Navisworks 版本文件进行导出。导出成外部文件，如图 2-8 所示，可以是：

三维 DWF/DWFx 格式：在 DWF 文件中，不仅可以保存二维图档信息，还可以保存三维模型。由于 DWF 格式的定位为在 Web 中进行传递和浏览，所以在 Autodesk 360 的云服务中，可以使用 IE 等 Web 浏览

发布对话框：
标题(T)
主题(S)
作者(A)
发布者(P)
发布给(F)
版权(C)
关键词(K)
注释(M)
密码(W)
☐ 以密码显示(D)
☐ 过期(E)
2017/ 5/23
☐ 可再保存(R)
☐ 打开文件时显示(O)
☑ 嵌入 ReCap 和纹理数据(X)
☑ 嵌入数据库特性(B)
☐ 阻止导出对象特性(V)
确定　取消

图 2-9

置的材质纹理、链接的数据库进行整合，便于得到完整的数据库。而使用另存为的方式生成的 nwd 数据，将无法使用发布场景时提供的安全设置、嵌入 ReCap 和纹理等高级特性。

注意：在发布 nwd 数据时启用密码后，在单击确定按钮指定保存 nwd 数据位置时，Navisworks 将要求用户再次输入密码以确定密码安全。

（7）打印：打印场景并设置与打印相关的设置。可以将当前的场景视图进行打印，并选择打印机设置纸张，设置方向。

（8）通过电子邮件发送：创建新的电子邮件，并以当前文件作为附件进行文件的发送。

（9）最近使用的文档界面：该界面显示最近打开的一些文件，并且可以设置这些文件的一个排布顺序。其中包括按已排序列表、按访问日期、按大小、按类型四种方式进行排序，如图 2-10 所示。

图 2-10

2. 选项编辑器

选项即选项编辑器，如图 2-11 所示。使用"选项编辑器"可为 Navisworks 任务调整程序设置。这些设置也是比较基础的，对于用户来说，如果不知道这些设置的位置及使用方法，对于后期的学习是比较困难的，会造成一叶遮目，不见泰山的感觉。在"选项编辑器"中更改的设置在所有 Navisworks 任务中是起全局作用的。这些选项会显示在分层树结构中。单击⊞会展开这些节点，单击⊟会收拢这些节点。

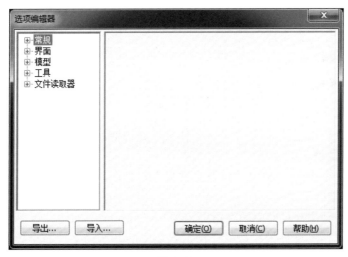

图 2-11

（1）选项编辑器的设置。

1）导出：显示"选择要导出的选项"对话框，可以在其中选择要导出（或"序列化"）的全局选项，如图 2-12 所示。

2）导入：显示"打开"对话框，可再导入之前用户设置的选项编辑器设置文件。

（2）常规。使用此节点中的设置可以调整缓冲区大小、文件位置、希望 Navisworks 存储的最近使用的文件快捷方式的数量以及自动保存选项。

1）撤销：使用此页面上的设置可以调整缓冲区大小，如图 2-13 所示。缓冲区大小（KB）：指定 Navisworks 为保存撤消/恢复操作分配的空间大小。

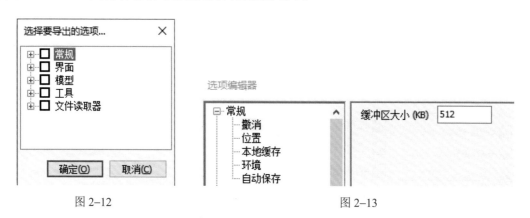

图 2-12   图 2-13

2）位置：如图 2-14 所示，使用此页面上的选项可以与其他用户共享全局 Navisworks 设置、工作空间、Data Tools、第三人、Clash Detective 规则、Presenter 归档文件、自定义 Clash Detective 检测、对象动画脚本等。根据所需的粒度级别，可以跨整个项目站点或跨特定的项目组共享设置。首次运行 Navisworks 时，将从安装目录拾取设置。随后，Navisworks 将检查本地计算机上的当前用户配置和所有用户配置，然后检查"项目目录"和"站点目录"中的设置。"项目目录"中的文件优先。

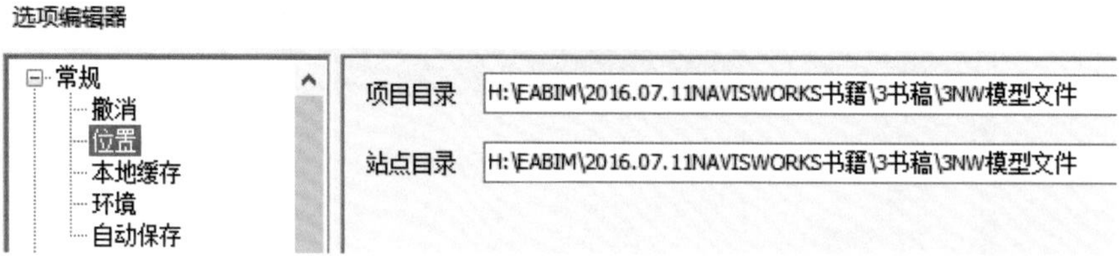

图 2-14

① 项目目录：单击 [...] 可打开"浏览文件夹"对话框，并查找包含特定于某个项目组的 Navisworks 设置的目录。

② 站点目录：单击 [...] 可打开"浏览文件夹"对话框，并查找包含整个项目站点范围的 Navisworks 设置标准的目录。

3）本地缓存：使用此页面上的设置可控制 Navisworks 中的缓存管理，如图 2-15 所示。

① 要保留的非活动文件最小数目：指定要保留的非活动文件最小数目，默认文件数目为 3。

图 2-15

② 最大缓存大小：以 MB 为单位指定最大缓存大小，默认大小为 1024MB。

4）环境：使用此页面上的设置可调整由 Navisworks 存储的最近使用的文件快捷方式的数量，如图 2-16 所示。

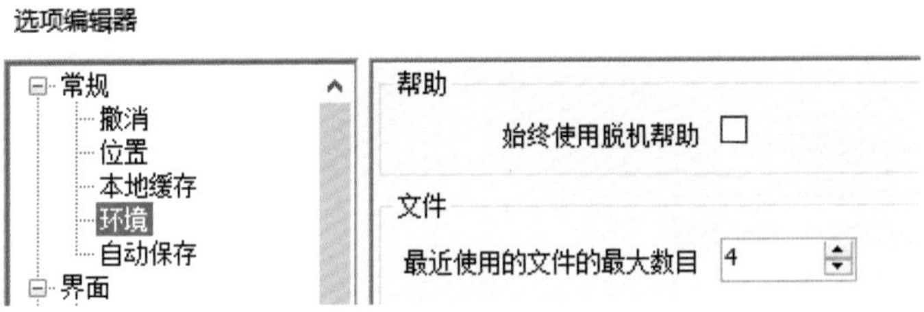

图 2-16

① 始终使用脱机帮助：选中该复选框可以确保用户使用脱机（HTML）帮助，即使用户处于联机状态。默认情况下，当用户处于联机状态时 Navisworks 会打开"Autodesk 帮助"，当用户处于脱机状态时，则会打开 HTML 帮助。"Autodesk 帮助"是一个全新联机学习环境，在其中用户可以尽享更优异的性能和经过优化的搜索选项，其外观也是焕然一新。

② 最近使用的文件的最大数目：指定 Navisworks 可以保存的文件快捷方式的数量。默认情况下，可以显示最近打开的四个文件的快捷方式。

5）自动保存：如图 2-17 所示，启用自动保存，指示 Navisworks 是否自动保存 Navisworks 文件。默认情况下，此复选框处于选中状态。如果不希望自动保存 Navisworks 文件，可清除此复选框。

① 自动保存文件位置：自动保存到特定目录（这是默认选项）。自动保存的默认目录为：C:\Users\Administrator\AppData\Roaming\Autodesk Navisworks Manage 2018\AutoSave。也可单击 ▢ 打开"浏览文件夹"对话框，然后为自动保存选择所需的位置。

② 管理磁盘空间：指示磁盘空间的大小是否限制备份文件的创建。默认情况下，此复选框处于选中状态。当该文件夹超过以下大小时，清除旧的自动保存文件（MB）选中"管理磁盘空间"复选框时有效。为备份文件指定最大目录大小。默认值是 512MB。如果自动保存文件夹的大小超出指定的值，则 Navisworks 会根据修改日期删除最旧的备份文件。

③ 频率：两次保存之间的时间（分钟）（定义自动保存重大文件更改之间的时间间隔）。默认情况下，会在对 Navisworks 文件进行重大更改后每 15 分钟保存一个备份文件。

④ 历史记录：最大早期版本数，确定存储的备份文件数。默认情况下，它是三个文件。

如果自动保存文件的数量超出指定的值，则 Navisworks 会根据修改日期删除最旧的备份文件。

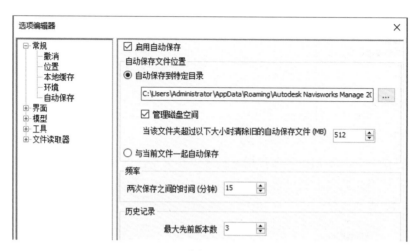

图 2-17

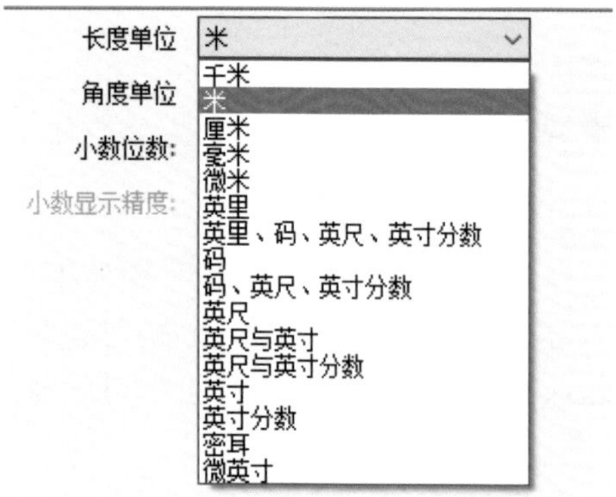

图 2-18

（3）界面。

1）显示单位。

长度单位：使用该下拉列表可选择所需的线性值。默认情况下使用"米"，还可以选择其他方式，如图 2-18 所示。

角度单位：使用该下拉列表可选择所需的角度值。默认情况下使用"度"，还可选择度、分与秒，弧度。

小数位数：指定单位所使用的小数位数。

小数显示精度：指定单位所使用的分数级别。此框仅对于分数单位有效。

2）选择：使用此页面上的选项可配置选择和高亮显示几何图形对象的方式，如图 2-19 所示。

图 2-19

① 拾取半径：指定以像素为单位的半径，某项目必须在该半径范围内才可选择此项目（该值默认为 1，最大为 9）。

② 方案：在"场景视图"中单击时，Navisworks 要求在"选择树"框中输入对象路径的起点，以识别选定的项目。可以选择下列选项之一：

文件：对象路径始于文件节点。因此，将选择文件中的所有对象。

图层：对象路径始于图层节点。因此，将选择图层内的所有对象。

最高层级的对象：对象路径始于图层节点下的最高级别对象（如果有）。

最低层级的对象：对象路径始于"选择树"中的最低级别对象。Navisworks 首先查找复合对象，如果没有找到，则会改为使用几何图形级别。这是默认选项。

最高层级的唯一对象：对象路径始于"选择树"中的第一个唯一级别的对象（非多实例化）。

几何图形：对象路径始于"选择树"中的几何图形级别。

③ 紧凑树：指定"选择树"的"紧凑"选项上显示的细节级别，可选以下选项之一：

模型：将树限制为仅显示模型文件。

图层：可以将树向下展开到图层级别。

对象：可以向下展开到对象级别，但是没有"标准"选项上显示的实例化级别。

④ 高亮显示。

启用：指出 Navisworks 是否高亮显示"场景视图"中选定的项目（如果不希望高亮显示选定的项目，请清除此复选框）。

方法：指定高亮显示对象的方式。选择三种选项之一：着色、线框、染色。

颜色：单击颜色后选择框可指定高亮显示颜色（其中默认有四十种颜色可供选择，单击更多颜色时，可进行自定义的颜色选择）。

染色级别：使用该滑块可调整染色级别（级别范围在 0～100% 之间）。

3）测量：使用此页面上的选项可调整测量线的外观和样式，如图 2-20 所示。

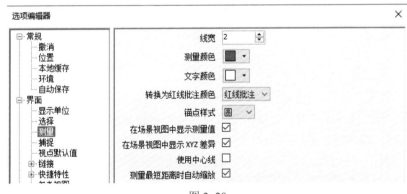

图 2-20

线宽：指定测量线的线宽。

颜色：单击颜色选择框后可指定测量线的颜色。

转换为红线批注颜色：使用此选项可将当前红线批注或测量颜色用作默认设置。

红线批注：默认选项。转换为红线批注时使用当前红线批注颜色。

测量：转换为红线批注时使用当前测量颜色。

三维：选中此复选框可在三维模式下绘制测量线，如果测量线被其他几何图形遮挡，清除此复选框，可以在几何图形的上面以二维模式绘制线。

在场景视图中显示测量值：如果要在"场景视图"中显示标注标签，选中此复选框。

在场景视图中显示 XYZ 差异：选中此选项可以显示两点测量（点到点或点到多点测量中活动的线）的 XYZ 坐标差异。

使用中心线：选中此复选框，最短距离测量会捕捉到参数化对象的中心线，清除此复选框，参数化对象的曲面会改为用于最短距离测量。

注意：更改这一选项不会影响当前在位的任何测量。要看到更改，需重新开始。

测量最短距离时自动缩放：选中复选框可以将场景视图缩放到测量区域（最短距离）。

4）捕捉：使用此页面上的选项可调整光标捕捉，如图 2-21 所示。

捕捉到顶点：选中此复选框可将光标捕捉到最近顶点。

捕捉到边缘：选中此复选框可将光标捕捉到最近的三角形边。

捕捉到线顶点：选中此复选框可将光标捕捉到最近的线端点。

公差：定义捕捉公差。值越小，光标离模型中的特征越近，只有这样才能捕捉到它。

角度：指定捕捉角度的倍数。

角度灵敏度：定义捕捉公差。该值为确定要使捕捉生效光标必须与捕捉角度接近的程度。

5）视点默认值：该选项可定义创建属性时随视点一起保存的属性，如图 2-22 所示。

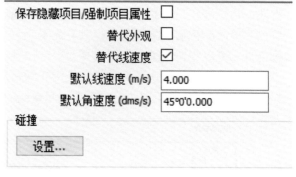

| 图 2-21 | 图 2-22 |

① 保存隐藏项目/强制项目属性：选中此复选框可在保存视点时包含模型中对象的隐藏/强制标记信息。再次使用视点时，会重新应用保存视点时设置的隐藏/强制标记。默认情况下，会清除此复选框，因为将状态信息与每个视点一起保存需要相对较大的内存量。

② 替代外观：选中此复选框可将视点与材质更改的外观或替代信息一起保存。可以通过更改视点中几何图形的颜色或透明度来替代外观。再次使用视点时，将保存外观替代。默认情况下，会清除此复选框，因为将状态信息与每个视点一起保存需要相对较大的内存量。

③ 替代线速度：默认情况下，导航线速度与模型的大小有直接关系。如果要手动设置某个特定导航速度，选中此复选框。此选项仅在三维工作空间中可用。

④ 默认线速度：指定默认的线速度值。此选项仅在三维工作空间中可用。

⑤ 默认角速度：指定相机旋转的默认速度。此选项仅在三维工作空间中可用。

注意：修改默认视点设置时，所做的更改将影响当前 Navisworks 文件或未来任务中保存的任何新视点。这些更改不会应用于以前创建和保存的视点。

⑥ 碰撞设置：打开"默认碰撞"对话框，如图 2-23 所示，可以在其中调整碰撞、重力、蹲伏和第三人视图设置。使用此对话框在三维工作空间中指定和保存用户的首选碰撞设置。

默认情况下，会关闭"碰撞""重力""自动蹲伏"和"第三人"视图。修改默认碰撞设置时，所做的更改不会影响当前打开的 Navisworks 文件。只要打开新的 Navisworks 文件或者启动新的 Navisworks 任务，就会应用这些更改。

图 2-23

碰撞：选中此复选框可在"漫游"模式和"飞行"模式下将观察者定义为碰撞量。这样，观察者将获取某些体量，无法在"场景视图"中穿越其他对象、点或线。

注意：选中此复选框将更改渲染优先级，以便与正常情况下相比将使用更高的细节显示观察者周围的对象。高细节区域的大小基于碰撞体积半径和移动速度。

重力：选中此复选框可在"漫游"模式下为观察者提供一些重量。此选项可与"碰撞"一起使用。

自动蹲伏：选中此复选框可使观察者能够蹲伏在很低的对象之下，而在"漫游"模式下，因为这些对象过低，所以无法通过。此选项可与"碰撞"一起使用。

半径：指定碰撞量的半径。

高度：指定碰撞量的高度。

视觉偏移：指定在碰撞体积顶部之下的距离，此时相机将关注是否选中"自动缩放"复选框。

第三人启用：选中此复选框可使用"第三人"视图。在"第三人"视图中，会在"场景视图"中显示一个体现来表示观察者。选中此复选框将更改渲染优先级，与正常情况下相比，将使用更高的细节显示体现周围的对象。高细节区域的大小基于碰撞体积半径、移动速度和相机在体现后面的距离。

自动缩放：选中此复选框可在视线被某个项目所遮挡时自动从"第三人"视图切换到第一人视图。

体现：指定在"第三人"视图中使用的体现。

角度：指定相机观察体现所处的角度。例如，0°会将相机直接放置到体现的后面；15°会使相机以 15°的角度俯视体现。

距离：指定相机和体现之间的距离。

提示：如果要恢复默认值，请单击"默认值"按钮。

6）链接：使用此选项可自定义在"场景视图"中显示链接的方式，如图 2-24 所示。

图 2-24

显示链接：显示/隐藏"场景视图"中的链接。

三维：指示是否在"场景视图"中以三维模式绘制链接图标。如果希望链接浮动在三维空间中，且恰好位于其在几何图形上的连接点的前面，请选中此框。如果链接被其他几何图形遮挡，请清除此复选框以便在几何图形的上面以二维模式绘制链接图标。

最大图标数：指定要在"场景视图"中可显示的最大图标数。

隐藏冲突图标：选中此复选框可隐藏在"场景视图"中显示为重叠的链接图标。

消隐半径：指定在"场景视图"中绘制相机链接之前，它们必须接近的程度。远于该距离的任何链接都不会绘制。默认值 0 表示绘制所有链接。

X 引线偏移、Y 引线偏移：可以使用指向链接所附加到的几何图形上的连接点的引线（箭头）绘制链接。输入 X 和 Y 值以指定这些引线所使用的向右和向上的像素数。

标准类别：使用此页面上的设置可根据链接的类别切换其显示，如图 2-25 所示。

图标类型：图标：由"场景视图"中的默认图标表示。

文字：由"场景视图"中包含链接说明的文本框表示。

可见：选中此复选框可在"场景视图"中显示此链接类别。

用户定义类别：使用此页面可查看自定义链接类别，如图 2-26 所示。

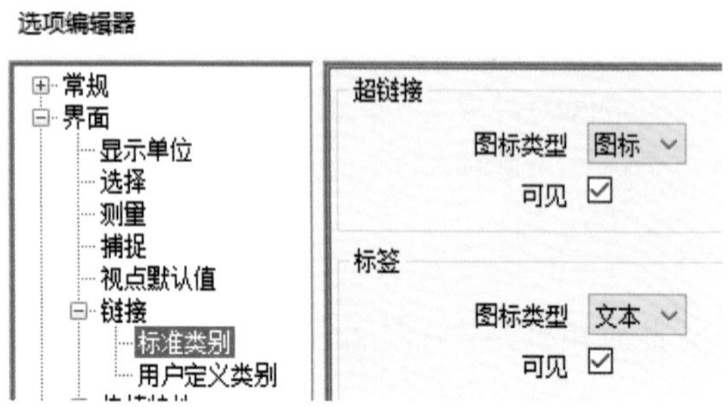

图 2-25 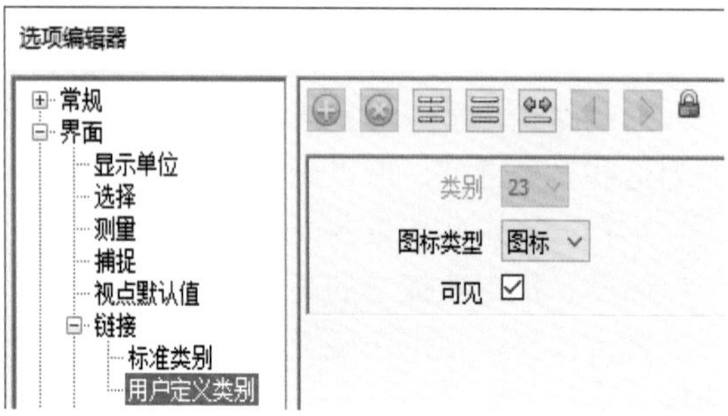 图 2-26

注意：挂锁 🔒 图标指示无法直接从此处添加或删除类别。

网格视图：单击 ▤ 可使用表格格式显示自定义链接类别。

列表视图：单击 ▤ 可使用列表格式显示自定义链接类别（与显示标准链接类别的方式相同）。

记录视图：单击 ◆◆ 可将链接类别显示为记录。

上一个和下一个元素：使用 ◀ 和 ▶ 可在链接类别之间导航。如果单击了"记录视图"按钮，这将是在记录之间进行移动的唯一方式。

可见：选中此复选框可在"场景视图"中显示相应的链接类别。

图标类型，可选择下列选项之一：

图标：由"场景视图"中的默认图标表示。

文本：链接由"场景视图"中包含链接说明的文本框表示。

7）快捷特性：使用此页面上的选项可自定义在"场景视图"中显示快捷特性的方式，如图 2-27 所示。

显示快捷特性：显示/隐藏"场景视图"中的快捷特性。

隐藏类别：清除此复选框可在快捷特性工具提示中不包含类别名称（如果不希望在快捷特性工具提示中显示类别名称，请选中此复选框）。

定义页面，如图 2-28 所示，使用此页面上的选项可设置快捷特性类别。

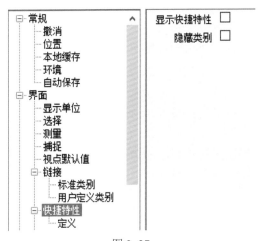

图 2-27   图 2-28

添加元素：单击 ⊕ 可添加快捷特性定义。

删除元素：单击 ⊗ 可删除选定的快捷特性定义。

类别：指定要自定义的特性类别。

特性：指定在工具提示中显示选定类别的特性。

8）显示页面：使用此页面上的选项可调整显示性能，如图 2-29 所示。

① 二维图形。

二维渲染：可以选择固定二维渲染和视图相关二维渲染。从以下选项中选择：

固定：图形就像按照固定纸张大小进行打印一样来生成。放大和缩小图形时，线型保持相同的相对大小和间距，就好像用户在放大和缩小渲染时的图像一样。此选项提供的性能最高，使用的内存最少。

视图相关：只要视图更改，就重新生成图形。放大和缩小图形时，将重新计算线型，并可能调整虚线的相对大小和间距。

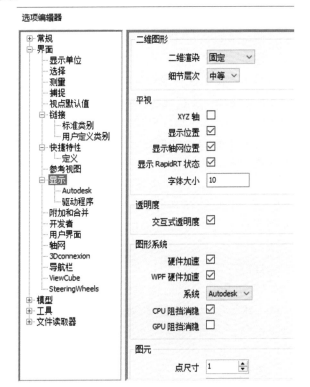

图 2-29

21

此选项提供的性能最低，使用的内存最多。

细节层次：可以调整二维图形的细节层次，这意味着可以协调渲染性能和二维保真度。从以下选项中选择：

低：为用户提供较低的二维保真度，但渲染性能较高。

中：为用户提供中等的二维保真度和中等的渲染性能，这是默认选项。

高：为用户提供较高的二维保真度，但渲染性能较低。

② 平视。

XYZ 轴：指示是否在"场景视图"中显示"XYZ 轴"指示器。

显示位置：指示是否在"场景视图"中显示"位置读数器"。

显示轴网位置：指示是否在"场景视图"中显示"轴网位置"指示器。

显示 RapidRT 状态：当"显示 RapidRT"选项处于选中状态时，渲染进度标签会在"场景视图"中显示实时渲染进度。

字体大小：指定"平视"文本的字体大小（以磅为单位）。

③ 透明度。

交互式透明度：选中此复选框可在交互式导航过程中以动态方式渲染透明项目。默认情况下，会清除此复选框，当交互已停止时会仅绘制透明项目。

注意：如果用户的视频卡不支持硬件加速，则选中此复选框可能会影响显示性能。

④ 图形系统。

硬件加速：选中此复选框可利用视频卡上任何可用的硬件加速。如果视频卡驱动程序不能与 Navisworks 很好地协作，请清除此复选框。

注意：如果用户的视频卡不支持硬件加速，则此复选框将不可用。

WPF 硬件加速：WPF 是用于加载用户界面框架的技术。选中此复选框可以利用视频卡上任何可用的 WFP 硬件加速。

注意：如果用户的视频卡不支持 WFP 硬件加速，则此复选框将不可用。

基本：使用硬件或软件 OpenGL。

Autodesk：支持显示 Autodesk 材质，使用 Direct3D 或硬件 OpenGL。

注意：三维模型可以使用任意一种图形系统，默认情况下将使用 Autodesk 图形系统，但处理具有 Presenter 材质的三维模型时除外。二维图纸只能使用 Autodesk 图形，且需要支持硬件加速的图形卡。

"CPU 阻挡消隐"选项默认情况下处于启用状态，并且使用备用 CPU 核心执行遮挡消隐测试。它只能在具有 2 个或更多 CPU 核心的计算机上使用。要求 CPU 具有 SSE4 以发挥最大性能。不会降低性能，即使模型的所有部分都可见（GPU 将花费所有时间渲染该模型）。

性能提升取决于窗口大小：窗口越小，性能提升越大。

GPU 阻挡消隐：选中此复选框以启用此特定类型的阻挡消隐。使用阻挡消隐意味着 Autodesk Navisworks 将仅绘制可见对象并忽略位于其他对象后面的任何对象。这可在模型的许多部分不可见时提高显示性能。例如，沿着某个大楼的走廊散步的情况。阻挡消隐不用于 2D 工作空间。

默认情况下，此选项处于禁用状态。一旦选中，它将使用图形卡执行阻挡消隐测试。仅可在其图形卡满足 Autodesk Navisworks 最低系统要求的计算机上使用。

如果模型大部分可见，将降低性能（如果 GPU 必须执行阻挡消隐测试，它将具有较少的时间来渲染模型）。

注意：阻挡消隐仅可在其图形卡满足 Navisworks 最低系统要求的计算机上使用。此外，阻挡消隐不用于二维工作空间。

⑤ 图元。

点尺寸：输入一个介于 1～9 之间的数字，可设置在"场景视图"中绘制的点尺寸（以像素为单位）。

线尺寸：输入一个介于 1～9 之间的数字，可设置在"场景视图"中绘制的线宽度（以像素为单位）。

捕捉尺寸：输入一个介于 1～9 之间的数字，可设置在"场景视图"中绘制的捕捉点尺寸（以像素为单位）。

启用参数化图元：指示 Navisworks 是否在交互式导航过程中以动态方式渲染参数化图元。选中此复选框意味着在导航过程中细节级别会随着与相机的距离而变化。清除此复选框将使用图元的默认表示，在导航过程中细节级别保持不变。

⑥ 详图。

保证帧频：指示 Navisworks 引擎是否保持在"文件选项"对话框的"速度"选项卡上指定的帧频。默认情况下，会选中此复选框，且在移动时保持目标速率。当移动停止时，会渲染完整的模型。如果清除此复选框，在导航过程中会始终渲染完整的模型，不管会花费多长时间。

填充到详情：指示导航停止后 Navisworks 是否填充任何放弃的细节。

9）Autodesk 页面：使用此页面中的选项可调整在 Autodesk 图形模式下使用的效果和材质，如图 2–30 所示。

① Autodesk 材质。

使用替代材质：通过此选项，用户可以强制使用基本材质，而不是 Autodesk 一致材质。如果图形卡不能与 Autodesk 一致材质很好地配合，则将自动使用此选项。

使用 LOD 纹理：如果要使用 LOD 纹理，则选中此复选框。

反射已启用：选中此复选框为 Autodesk 一致材质启用反射颜色。

高亮显示已启用：选中此复选框为 Autodesk 一致材质启用高光颜色。

凹凸贴图已启用：如果要使用凹凸贴图，则选中此选项，这样可以使渲染对象看起来具有凹凸不平或不规则的表面。例

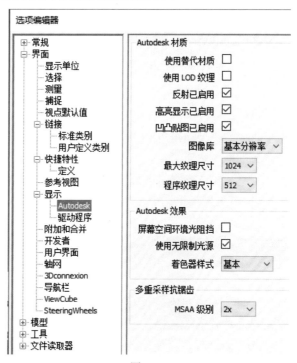

图 2–30

如，使用凹凸贴图材质渲染对象时，贴图的较浅（较白）区域看起来提升了一些，而较深（较黑）区域看起来降低了一些。如果图像是彩色图像，将使用每种颜色的灰度值。凹凸贴图会显著增加渲染时间，但会增加真实感。

图像库：选择基于纹理分辨率的 Autodesk 一致材质库。从以下选项选择：

基本分辨率：基本材质库，分辨率大约为 256×256 像素。默认情况下已安装此库，并且 Navisworks 需要该库来支持完整的视觉样式和颜色样式功能。

低分辨率：低分辨率图像，大约为 512×512 像素。

中等分辨率：中分辨率图像，大约为 1024×1024 像素。

高分辨率：高分辨率图像，大约为 2049×2049 像素。

最大纹理尺寸：此选项影响应用到几何图形的纹理的可视细节。请输入所需的像素值。例如，值"128"表示最大纹理尺寸为 128×128 像素。值越大，图形卡的负荷就越高，这是因为需要更多的内存渲染纹理。

程序纹理尺寸：此选项提供了从程序贴图生成的纹理的尺寸。例如，值"256"表示从程序贴图生成的纹理的尺寸为 256×256 像素。值越大，图形卡的负荷就越高，这是因为需要更多的内存渲染纹理。

② Autodesk 效果。

屏幕空间环境光阻挡：当 Autodesk 图形系统处于活动状态，以呈现渲染的真实世界环境照明效果时，请选中此复选框。例如，使用此选项可在难以进入的模型部分创建较暗的照明，如房间的拐角。

使用无限制光源：默认情况下，Autodesk 渲染器最多支持同时使用八个光源。如果模型包含的光源数超过八个，并且用户希望能够使用所有这些光源，请选中此复选框。

图 2-31

着色器样式：定义面上的 Autodesk 着色样式，如图 2-31 所示。从以下选项中选择：

基本——面的真实显示效果，接近于在现实世界中所显示的样子。

高洛德——为由多边形网格表示的曲面提供连续着色。

古式——使用冷色和暖色而不是暗色和亮色来增强可能已附加阴影并且很难在真实显示中看到的面的显示效果。

冯氏模型——提供被照曲面更平滑的真实渲染。

③ 多重采样抗锯齿。

MSAA 级别：定义要在 Autodesk 图形模式下渲染的抗锯齿值。抗锯齿用于使几何图形的边缘变平滑。值越高，几何图形就越平滑，但渲染时间也就越长。"2×"是默认选项。

注意：如果用户的视频卡不支持较高的 MSAA，可以自动支持较低 MSAA。

10）驱动程序：使用此页面上的选项可启用/禁用可用的显示驱动程序。可用的驱动程序：如图 2-32 所示为

图 2-32

24

Navisworks 可以支持的所有驱动程序的列表。默认情况下，将选中所有驱动程序。

① Autodesk（DirectX 11）。此驱动程序支持 Autodesk 图形系统，可处理二维和三维几何图形。

② Autodesk（DirectX 9）。此驱动程序支持 Autodesk 图形系统，可处理二维和三维几何图形。

③ Autodesk（OpenGL）。此驱动程序支持 Autodesk 图形系统，可处理二维和三维几何图形。

④ Autodesk（DirectX 11 Software）。此驱动程序支持 Autodesk 图形系统，可处理二维和三维几何图形。

⑤ Presenter（OpenGL）。此驱动程序支持 Presenter 图形系统，且仅可处理三维几何图形。

⑥ Presenter（OpenGL 软件）。此驱动程序支持 Presenter 图形系统，且可处理三维几何图形。

11）附加或合并：处理多图纸文件时，可以使用此页面上的选项选择附加或合并行为，如图 2-33 所示。

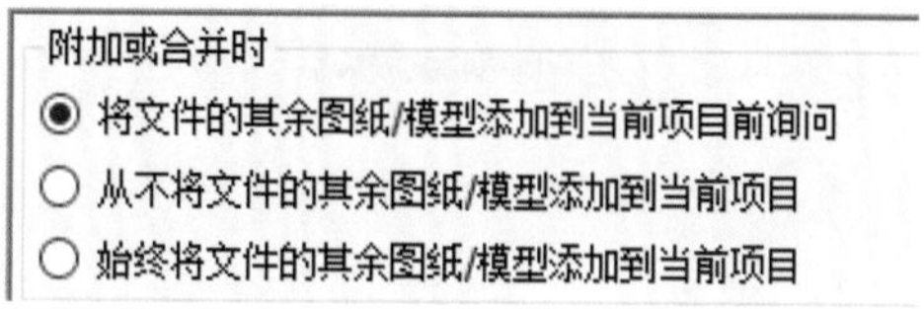

图 2-33

① 将文件的其余图纸/模型添加到当前项目前询问：如果选择该选项，则在附加或合并操作完成后会显示一个交互式对话框。可以决定是否将其余图纸/模型添加到文件中。

② 从不将文件的其余图纸/模型添加到当前项目：选择此选项意味着，仅将选定文件中的默认图纸/模型合并或附加到当前场景。可以在以后使用"项目浏览器"将其余图纸/模型添加到文件中。

③ 始终将文件的其余图纸/模型添加到当前项目：选择此选项意味着，只要完成附加或合并操作，Autodesk Navisworks 就会在文件中自动添加其余图纸/模型。可以在"项目浏览器"中检验添加的图纸/模型。

12）开发者：使用此页面上的选项可调整对象特性的显示。

13）用户界面：使用下拉列表应用其中一个预设界面主题，系统自带的有暗和光源两个主题，通过选择可以看到选项卡上方的条形颜色的变化。

14）轴网：使用此页面上的选项可自定义绘制轴网线的方式，如图 2-34 所示。

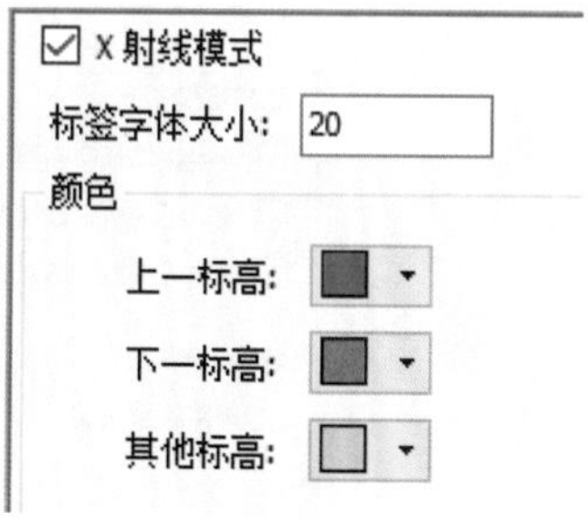

图 2-34

① X 射线模式：指示当轴网线被模型对象遮挡时是否绘制为透明。如果不需要透明轴网线，请清除该复选框。

② 标签字体大小：指定轴网线标签中的文本使用的字体大小（以磅为单位）。

③ 颜色：选择用于绘制轴网线的颜色。可以选择下列选项之一：

上一标高：用于在相机位置正上方标高处绘制轴网线的颜色。

下一标高：用于在相机位置正下方标高处绘制轴网线的颜色。

其他标高：用于在其他标高处绘制轴网线的颜色。

15）3Dconnexion 页面：使用此页面上的选项可自定义 3Dconnexion 设备的行为。据使用过 3Dconnexion 产品的用户表示，运用它至少可以提高 30%以上的设计效率。建议用户可以自行尝试一下，如果没有使用 3Dconnexion 的需要，可跳过该段设置向下阅读。

Navisworks 还提供了调整功能，可以使用在安装过程中由设备制造商提供的设备的"控制面板"进行调整，如图 2-35 所示。

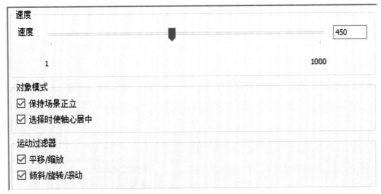

图 2-35

① 速度：使用滑块调整控制器的灵敏度。

② 对象模式：

a. 保持场景正立：选中此复选框可禁用滚动轴。选中后，将不能向侧面滚动模型。

b. 选择时使轴心居中：选中此复选框可将轴心点移动到所选任意对象的中心。

③ 运动过滤器：

a. 平移/缩放：选中此复选框可启用 3Dconnexion 设备的平移和缩放功能。

b. 倾斜/旋转/滚动：选择此复选框可启用 3Dconnexion 设备的倾斜、旋转和滚动功能。

注意：默认情况下所有选项均选中。如果进行了任何更改，可以单击"默认"按钮重置为原始设置。

16）导航栏：使用此页面上的选项可自定义导航栏上工具的行为，如图 2-36 所示。

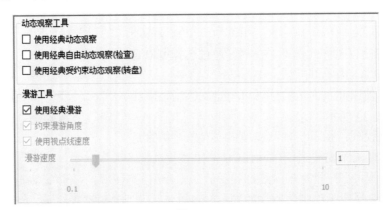

图 2-36

① 动态观察工具：

使用经典动态观察：如果需要从标准动态观察工具切换到经典动态观察模式，请选中此复选框。

使用经典自由动态观察（检查）：如果需要从标准自由动态观察工具切换到导航栏上的旧"检查"模式，请选中此复选框。

使用经典受约束动态观察（转盘）：如果需要从标准受约束的动态观察工具切换到导航栏上的旧"转盘"模式，请选中此复选框。

② 漫游工具：

a. 使用经典漫游：如果需要从标准漫游模式切换到经典漫游模式，请选中此复选框。

b. 约束漫游角度：选中此复选框时，漫游工具将在导航时保持相机正立。如果清除此复选框，则该工具可使相机在导航时滚动（产生几乎像飞行工具一样的行为）。

c. 使用视点线速度：如果选中此复选框，漫游工具将遵循视点线速度设置。这种情况下，漫游速度滑块的作用将像一个倍增器。如果清除此复选框，则漫游工具将使用滑块所设定的固定值独立于视点线速度设置而工作。

d. 漫游速度：在 0.1（非常慢）与 10（非常快）之间设置漫游工具的速度。

17）ViewCube：使用此页面上的选项可自定义 ViewCube 行为，如图 2-37 所示。

① 显示 ViewCube：指示是否在"场景视图"中显示 ViewCube。

尺寸：指定 ViewCube 的大小。可从以下选项中选择：自动、微型、小、中等、大。

注意：在自动模式下，ViewCube 的大小与"场景视图"的大小有关，并介于中等和微型之间。

图 2-37

② 不活动时的不透明度：当 ViewCube 处于不活动状态时，即光标距离 ViewCube 很远，则它看起来是透明的。要控制不透明度级别，请从以下选项中选择：0%、25%、50%、75%、100%。

③ 保持场景正立：指示使用 ViewCube 时是否允许场景的正立方向。如果选中此复选框，拖动 ViewCube 会产生旋转效果。

④ 捕捉到最近的视图：指示当 ViewCube 从角度方向上接近其中一个固定视图时是否会捕捉到它。

⑤ 视图更改时布满视图：如果选中此复选框，单击 ViewCube 会围绕场景的中心旋转并缩小将场景布满到场景视图。拖动 ViewCube 时，在拖动之前视图将变为观察场景中心（但不缩放），并在拖动时继续将该中心作为轴心点。如果清除此复选框，则单击或拖动 ViewCube 将围绕当前轴心点旋转，但不会放大或缩小。

⑥ 切换视图时使用动画转场：如果选中此复选框，则当用户在 ViewCube 的某一区域上单击时将显示动画转场，这有助于直观显示当前视点和选定视点之间的空间关系。

注意：导航包含大量几何图形的三维场景时，应用程序帧频会降低，使系统难以流畅地显示视点动画转场。

⑦ 在 ViewCube 下显示指南针：指示是否在 ViewCube 工具下方显示指南针。

18）SteeringWheels：使用此页面上的选项可自定义 SteeringWheels 菜单，如图 2-38 所示。

图 2–38

① 大控制盘。

a. 大小：指定大控制盘的大小。可从以下选项中选择：小（64×64）、中（128×128）、大（256×256）。

b. 不透明度：控制大控制盘的不透明度级别。默认值为 50%。可从以下选项中选择：25%（几乎透明）、50%、75%、90%（几乎不透明）。

② 小控制盘。

a. 大小：指定小控制盘的大小。可从以下选项中选择：小（16×16）、中（32×32）、大（64×64）、极大（256×256）。

b. 不透明度：控制小控制盘的不透明度级别。默认值为 50%。可从以下选项中选择：25%（几乎透明）、50%、75%、90%（几乎不透明）。

③ 屏幕上的消息。

a. 显示工具消息：显示/隐藏导航工具的工具提示。如果选中此复选框，则在使用这些工具时会在光标下面显示工具提示。

注意：对于查看对象控制盘和巡视建筑控制盘，始终启用此设置，无法将其禁用。

b. 显示工具提示：显示/隐藏控制盘工具提示。如果选中此复选框，将光标悬停在控制盘上的按钮上时会显示工具提示。

注意：对于查看对象控制盘和巡视建筑控制盘，始终启用此设置，无法将其禁用。

c. 显示工具光标文字：显示/隐藏光标下的工具标签。

注意：对于查看对象控制盘和巡视建筑控制盘，始终启用此设置，无法将其禁用。

④ 环视工具。

反转垂直轴：选中此复选框会交换"环视"工具的上下轴；向前推动鼠标会向下环视，而向后拉动鼠标会向上环视。

⑤ 漫游工具。

a. 约束漫游角度：选中此复选框会使漫游工具遵守世界矢量（在"文件选项">"方向"中设置）。因此，使用漫游工具会使相机捕捉到当前向上矢量。如果清除此复选框，漫游工具会忽略世界矢量，且漫游时相机其当前向上方向不受影响。

b. 使用视点线速度：如果选中此复选框，漫游工具将遵循视点线速度设置。这种情况下，漫游速度滑块的作用将像一个倍增器。如果清除此复选框，则漫游工具将使用滑块所设定的固定值独立于视点线速度设置而工作。

c. 漫游速度：在 0.1（非常慢）与 10（非常快）之间设置漫游工具的速度。

⑥ 缩放工具。

启用单击增量放大：如果选中此复选框，在"缩放"按钮上单击会增加模型的放大倍数。如果清除此复选框，则单击"缩放"按钮时什么也不会发生。

⑦ 动态观察工具。

a. 保持场景正立：如果选中此复选框，相机会在模型的焦点周围移动，且动态观察沿着XY 轴和在 Z 方向上受到约束。如果清除此复选框，动态观察工具的行为与旧的"检查"模式相似，且可以围绕轴心点滚动模型。

b. 选择时使轴心居中：如果选中此复选框，在使用动态观察工具之前选定的对象将用于计算要用来动态观察的轴心点。轴心点是基于选定对象的范围的中心进行计算的。

（4）模型。使用此节点中的设置可以优化 Navisworks 性能，并为 NWD 和 NWC 文件自定义参数。

1）性能：使用此页面上的选项可优化 Navisworks 性能，如图 2-39 所示。

图 2-39

① 合并重复项：这些选项可通过倍增实例化匹配项目来提高性能，即如果存在任何相同的项目，Navisworks 可以存储它们的一个实例，并将该实例"复制"到其他位置，而不是将每个项目都存储在内存中。对于较大的模型，此过程特别有益，因为在较大的模型中存在大量重复的几何图形。

a. 转换时：如果选中此复选框，则在将 CAD 文件转换为 Navisworks 格式时将会合并重复项。

b. 附加时：如果选中此复选框，则在将新文件附加到当前打开的 Navisworks 文件时将会合并重复项。

c. 载入时：如果选中此复选框，则在将文件载入到 Navisworks 中时将会合并重复项。

d. 保存 NWF 时：选中此复选框可在将当前场景保存为 NWF 文件格式时合并重复项。

② 临时文件位置：

a. 自动：指示 Navisworks 是否自动选择用户 Temp 文件夹。

b. 位置：单击 [...] 打开"浏览文件夹"对话框，然后选择所需的 Temp 文件夹。

③ 内存限制：

a. 自动：指示 Navisworks 是否自动确定可以使用的最大内存。选中此复选框会将内存限制设置为可用物理内存或地址空间的最小值，低于操作系统所需的值。

b. 限制（MB）：指定 Navisworks 可以使用的最大内存。

④ 载入时：

a. 转换时合并：将原生 CAD 文件转换为 Navisworks 时，将 Navisworks 中的树结构收拢到指定的级别。从以下选项中选择：

无——树完全展开。使用此选项可在导入 DWG 和 DGN 以支持多个碰撞交点时使多段线拆分为单个段。对于 DGN 文件，还需要选中"文件读取器" > "DGN" > "拆分线"复选框，并取消选中"文件读取器" > "DGN" > "合并圆弧与线段"复选框。对于 DWG 文件，还需要将"文件读取器" > "DWG/DXF" > "线处理"下拉菜单项设置为 > "分割所有线"。

合成对象：将树向上收拢到复合对象级别。

所有对象：将树向上收拢到对象级别。

层：将树向上收拢到图层级别。

文件：将树向上收拢到文件级别。

这使得性能的优先级高于结构/特性，并且还通过减少逻辑结构来改进流。尽管 Navisworks 尝试尽可能将项目收拢到最少数量，但在某些情况下需要避免收拢以保持模型的保真度。例如，如果某项目具有自己唯一的特性或材质，那么进行收拢会破坏此信息，因此将不会收拢此项目。

b. 载入时关闭 NWC/NWD 文件：指示 NWC 和 NWD 文件载入到内存中之后是否立即关闭。打开 NWC/NWD 文件时，Navisworks 会锁定它们以进行编辑。如果选中此复选框，则会指示 Navisworks 在将 NWC 或 NWD 文件载入到内存中之后立即将其关闭。这意味着在用户查看这些文件的同时，其他用户可以打开并编辑。

c. 创建参数化图元：选中此复选框可以创建参数化模型（由公式而非顶点描述的模型）。使用该选项可以获得更出色的外观效果、加快渲染速度、减小占用内存大小（尤其是载入的 DGN 和 RVM 文件包含大量的参数化数据，而这些数据不需要在 Navisworks 中转换为顶点的情况）。

注意：当下次载入或刷新文件时，修改该选项会起作用。

d. 载入时优化：

2）NWD：使用此页面上的选项可启用和禁用几何图形压缩并选择在保存或发布 NWD 文件时是否降低某些选项的精度。

① 几何图形压缩：

启用：选中此复选框可在保存 NWD 文件时启用几何图形压缩。几何图形压缩会导致需要更少的内存，因此生成更小的 NWD 文件。

② 降低精度：

a. 坐标：选中此复选框可降低坐标的精度。

b. 精度：为坐标指定精度值。该值越大，坐标越不精确。

c. 法线：选中此复选框可降低法线的精度。

d. 颜色：选中此复选框可降低颜色的精度。

e. 纹理坐标：选中此复选框可降低纹理坐标的精度。

3）NWC：使用此页面上的选项可管理缓存文件（NWC）的读取和写入。默认情况下，当 Navisworks 打开原生 CAD 文件（例如，AutoCAD 或 MicroStation）时，它首先在相同的目录中检查是否存在与 CAD 文件同名但使用 nwc 扩展名的缓存文件。如果存在，并且此缓存文件比原生 CAD 文件新，则 Navisworks 会改为打开此文件，且打开的速度更快，因为此文件已转换为 Navisworks 格式。但是，如果不存在缓存文件，或者缓存文件比原生 CAD 文件旧，则 Navisworks 必须打开该 CAD 文件并对其进行转换。默认情况下，它会在相同的目录下写入缓存文件且与 CAD 文件同名，但使用 nwc 扩展名，从而加快将来打开此文件的速度。

① 缓存：

a. 读取缓存：选中此复选框可在 Autodesk Navisworks 打开原生 CAD 文件时使用缓存文件。如果不希望使用缓存文件，请清除此复选框。这样可确保 Autodesk Navisworks 在每次打开原生 CAD 文件时都对其进行转换。

b. 写入缓存：选中此复选框可在转换原生 CAD 文件时保存缓存文件。通常，缓存文件比原始 CAD 文件小得多，因此，选择此选项不会占用太多磁盘空间。如果不希望保存缓存文件，请清除此复选框。

② 几何图形压缩，同上 NWD，这里不再赘述。

（5）工具。

① Clash Detective 页面：使用此页面可调整"Clash Detective"选项，如图 2–40 所示。

a. 在环境缩放持续时间中查看（秒）：指定视图缩小所花费的时间（使用动画转场）。使用"Clash Detective"窗口的"结果"选项卡上的"在环境中查看"功能时，可使用此选项。

b. 在环境暂停中查看（秒）：指定视图保持缩小的时间。执行"在环境中查看"时，只要按住按钮，视图就会保持缩小状态。如果快速单击而不是按住按钮，则该值指定视图保持缩小状态以免中途切断转场的时间。

c. 动画转场持续时间（秒）：指定在视图之间移动所花费的时间。在"Clash Detective"窗口的结果网格中单击一个碰撞时，该值用于从当前视图平滑转场到下一个视图。

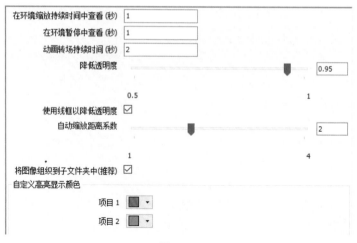

图 2-40

注意：仅当在"Clash Detective"窗口的"结果"选项卡上选中"动画转场"复选框时，该选项才适用。

d. 降低透明度：使用"降低透明度"滑块指定碰撞中不涉及的项目的透明度。

注意：仅当在"Clash Detective"窗口的"结果"选项卡上同时选中"其他变暗"和"降低透明度"复选框时，该选项才适用。

e. 使用线框以降低透明度：如果选择此选项，则碰撞中未涉及的项目将显示为线框。

注意：仅当在"Clash Detective"窗口的"结果"选项卡上同时选中"其他变暗"和"降低透明度"复选框时，该选项才适用。

f. 自动缩放距离系数：在"结果"选项卡中选择"场景视图"中的某个碰撞后，使用"自动缩放距离系数"滑块可以指定应用于该碰撞的缩放级别。默认设置为2，1指最大级别的缩放，而4指最小级别的缩放。

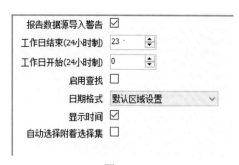

图 2-41

注意：如果在"结果"选项卡的"显示设置"可展开面板中选中"保存更改"复选框，则对碰撞的缩放级别所做的任何更改将替代"自动缩放距离系数"设置。

g. 自定义高亮显示颜色：使用"自定义高亮显示颜色"选项可以指定碰撞项目的显示颜色。

② TimeLiner 页面：使用此页面上的选项可自定义 TimeLiner 选项，如图 2-41 所示。

a. 报告数据源导入警告：如果选中此选项，则在"TimeLiner"窗口的"数据源"选项卡中导入数据时，如果遇到问题，将会显示警告消息。

b. 工作日结束（24 小时制）：设置默认工作日结束时间。

c. 工作日开始（24 小时制）：设置默认工作日开始时间。

d. 启用查找：在"任务"选项卡中启用"查找"命令，这样用户可以查找与任务相关的模型项目。启用"查找"命令可能会降低 Navisworks 的性能。

e. 日期格式：设置默认日期格式。

f. 显示时间：在"任务"选项卡的日期列中显示时间。

g. 自动选择附着选择集：指示在"TimeLiner"窗口中选择任务是否会自动在"场景视图"中选择附加的对象。

③ 比较：比较对象或者文件时，使用此页面中的设置可忽略文件名差异。

a. 公差：如果值被放置在此字段中，则该值用于比较某些线性值，包括几何图形变换平移和几何图形偏移值，值默认为 0.0。

b. 忽略文件名特性：选中该选项后，比较工具会忽略在文件名和源文件特性中的差异。默认情况下，此选项处于启用状态。

④ Quantification：支持三维（3D）和二维（2D）设计数据的集成，可以合并多个源文件并生成数量进行算量。对整个建筑信息模型（BIM）进行算量，然后创建同步的项目视图会将来自 BIM 工具（如 Revit 和 Autodesk 软件）的信息与来自其他工具的几何图形、图像和数据合并起来。

⑤ Scripter：使用此页面中的设置可自定义"动画互动工具"选项，如图 2–42 所示。

图 2–42

a. 消息级别：选择消息文件的内容。从以下选项选择：

用户：消息文件仅包含用户消息（即由脚本中的消息动作生成的消息）。

调试：消息文件包含用户消息和调试消息（即由"Scripter"在内部生成的消息）。通过调试可以查看在更复杂的脚本中正在执行的操作。

b. 指向消息文件的路径：使用此框可输入消息文件的位置。如果消息文件尚未存在，Navisworks 会尝试为用户创建一个。

注意：不能在文件路径中使用变量。

⑥ Animator：使用此页面中的设置可自定义"动画制作工具"选项。

显示手动输入：指示是否在"Animator"窗口中显示"手动输入"栏。默认情况下，此复选框处于选中状态。

（6）文件读取器：使用此节点中的设置可配置在 Navisworks 中打开原生 CAD 和扫描应用程序文件格式所需的文件读取器，这里选择几个常用的来介绍一下。

① DWF：使用此页面可调整 DWF 文件读取器的选项。

a. 三维模型中的镶嵌面系数：输入所需的值可控制发生的镶嵌面的级别。镶嵌面系数必须大于或等于 0，值为 0 时，将导致禁用镶嵌面系数。默认值为 1。要获得两倍的镶嵌面数，请将此值加倍。要获得一半的镶嵌面数，请将此值减半。镶嵌面系数越大，模型的多边形数就越多，且 Navisworks 文件也越大。

b. 三维模型中的最大镶嵌面偏差：此设置控制镶嵌面的边与实际几何图形之间的最大距离。如果此距离大于"三维模型中的最大镶嵌面偏差"值，则 Navisworks 会添加更多的镶嵌面。如果将"三维模型中的最大镶嵌面偏差"设置为 0，则会忽略此功能。

②DWG/DXF 页面：使用此页面可调整 DWG/DXF 文件读取器的选项，如图 2-43 所示。

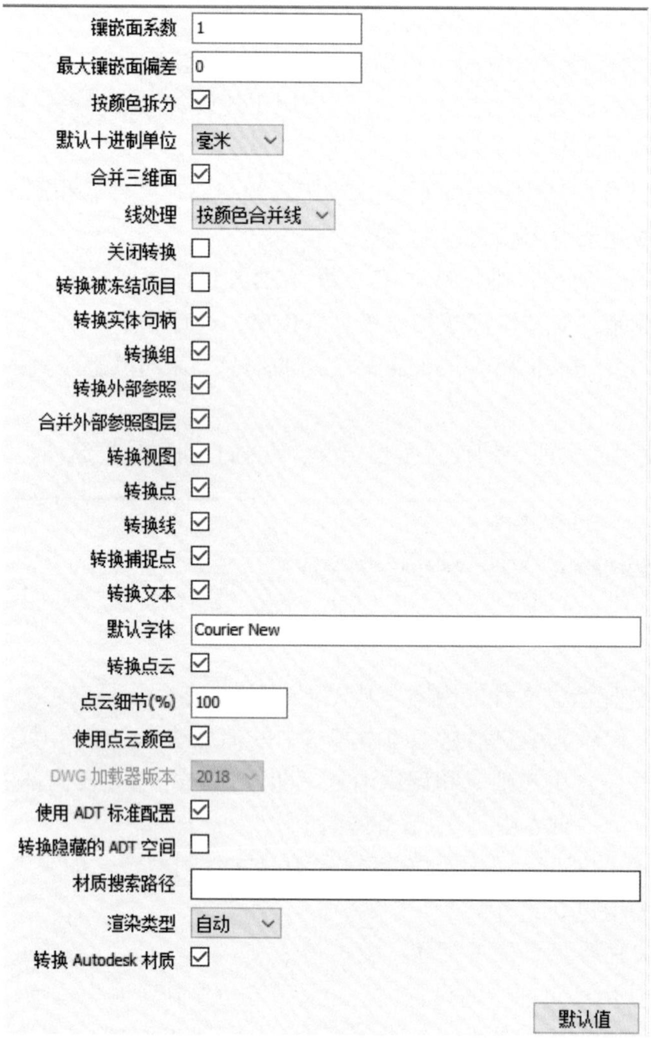

图 2-43

a. 镶嵌面系数：输入所需的值可控制发生的镶嵌面的级别。镶嵌面系数必须大于或等于 0，值为 0 时，将导致禁用镶嵌面系数。默认值为 1。要获得两倍的镶嵌面数，请将此值加倍。要获得一半的镶嵌面数，请将此值减半。镶嵌面系数越大，模型的多边形数就越多，且 Navisworks 文件也越大。

b. 最大镶嵌面偏差：此设置控制镶嵌面的边与实际几何图形之间的最大距离。如果此距离大于"最大镶嵌面偏差"值，Navisworks 会添加更多的镶嵌面。如果将"最大镶嵌面偏差"设置为 0，则会忽略此功能。

c. 按颜色拆分：可以根据颜色将复合对象拆分为多个部分。如果要使用此功能，请选中此复选框。例如，可以将一个来自 Architectural Desktop 的窗对象拆分为一个窗框和一个窗格。

如果清除此复选框，则仅可以作为一个整体选择窗对象，反之，如果选中此复选框，则可以选择单独的窗格和窗框。

注意：Navisworks 将按其颜色命名复合对象的各个部分。

d. 默认十进制单位：选择 Navisworks 用于打开使用十进制绘图单位创建的 DWG 文件和 DXF 文件的单位类型。

注意：DWG 文件和 DXF 文件不指定创建时所使用的单位。要调整 Navisworks 中的单位，请使用"单位和变换"选项。

e. 合并三维面：指示文件读取器是否将具有相同颜色、图层和父项目的相邻面解释为"选择树"中的单个项目。清除此复选框可将实体保持为"选择树"中的单独项目。

f. 线处理：指定文件读取器如何处理线和多段线。选择下列选项之一：

根据规定：此选项按原始 DWG 指定线和多段线的方式读取线和多段线。

按颜色合并线：此选项会合并同一图层上或按颜色匹配的同一代理实体上的所有线。需要更加有效的文件处理和导航时使用此选项。

分隔所有线：此选项会将线的每一段拆分为单独的节点。

需要增强碰撞检查分析时使用此选项。默认情况下，"Clash Detective"会将多段实体视为单个对象，为每个对象对报告一个碰撞结果。对多段线对象进行解组意味着每个线段可以独立于该线的其他段进行碰撞。因此，会报告所有可能的碰撞，而不仅仅是找到的第一个碰撞。

注意：为了使此功能正常工作，需要将"模型">"性能">"转换时合并"下拉菜单项设置为"无"，否则，多段线对象将被合并为一个几何图形节点。

g. 关闭转换：选中此复选框可转换在 DWG 文件和 DXF 文件中关闭的图层。在 Navisworks 中会将它们自动标记为隐藏。如果清除此复选框，文件读取器会忽略关闭的图层。

h. 转换冻结项目：选中此复选框可转换在 DWG 文件和 DXF 文件中冻结的项目。在 Navisworks 中会将它们自动标记为隐藏。如果清除此复选框，文件读取器会忽略冻结的项目。

i. 转换实体句柄：选中此复选框可转换实体句柄，并将它们附加到 Navisworks 中的对象特性。如果清除此复选框，文件读取器会忽略实体句柄。

j. 转换组：选中此复选框可在 DWG 文件和 DXF 文件内保留组；这样会将另一个选择级别添加到"选择树"中。如果清除此复选框，文件读取器会忽略组。

k. 转换外部参照：选中此复选框可自动转换包含在 DWG 文件内的任何外部参照文件。如果要稍后在 Navisworks 中自行附加文件，请清除此复选框。

l. 合并外部参照图层：选中此复选框可将外部参照文件中的图层与"选择树"中主 DWG 文件中的图层合并。清除此复选框可使外部参照文件与"选择树"中的主 DWG 文件分开。

m. 转换视图：选中此复选框可将已命名的视图转换为 Navisworks 视点。如果清除此复选框，文件读取器会忽略视图。

n. 转换点：选中此复选框可转换 DWG 文件和 DXF 文件中的点。如果清除此复选框，文件读取器会忽略点。

o. 转换线：选中此复选框可转换 DWG 文件和 DXF 文件中的线和圆弧。如果清除此复选框，文件读取器会忽略线。

p. 转换捕捉点：选中此复选框可转换 DWG 文件和 DXF 文件中的捕捉点。如果清除此复选框，文件读取器会忽略捕捉点。

q. 转换文本：选中此复选框可转换 DWG 文件和 DXF 文件中的文本。如果清除此复选框，文件读取器会忽略文本。

r. 默认字体：为已转换的文字设置哪种字体。

s. 转换点云：选中此复选框可转换 AutoCAD 点云实体。

t. 点云细节：指定要从点云提取多少详图。有效条目在 1～100 之间，其中 100 表示所有点，10 表示大约 10% 的点，1 表示大约 1% 的点。

u. 使用点云颜色：控制点云颜色。选中此复选框可将颜色值用于点云中的点。清除此复选框时，会忽略点云中点的任何颜色值，并会使用实体的普通 AutoCAD 颜色。存储的特定颜色太暗或无意义时，此选项很有用。

v. DWG 加载器版本：指定载入 AutoCAD 文件时要使用哪个版本的 ObjectDBX。通过此选项能够选择在文件中使用的 Object Enabler 的正确版本。

注意：如果要修改这些设置，需要重新启动 Navisworks 以应用更改。

w. 使用 ADT 标准配置：选中此复选框可使用标准显示配置转换 DWG 文件中的几何图形和材质。清除此复选框可根据几何图形和材质是否显示在当前保存的显示配置中来转换它们。

x. 转换隐藏的 ADT 空间：指示是否转换在 DWG 文件中缺少任何可见三维几何图形的空间对象（例如，缺少楼板厚度或天花板厚度的对象）。选中此复选框后，会在 Navisworks 中显示相应的隐藏对象。

注意：此选项不会影响在 DWG 文件中有可见三维几何图形的正常行为。

y. 材质搜索路径：Navisworks 会自动搜索默认的 Autodesk 材质路径。使用此框可指定 Autodesk Architectural Desktop 材质中使用的纹理文件的其他路径。请使用分号分隔路径。

z. 渲染类型：指定载入 DWG 文件时用于对象的渲染样式。选择"自动"意味着 Navisworks 会使用在 DWG 文件中保存的渲染样式。如果几何图形未正确显示，请使用下列选项之一调整渲染样式："渲染""着色"或"线框"。

aa 转换 Autodesk 材质：选择该选项可转换 Autodesk 材质。文件读取器将转换 Autodesk 材质（如果这些材质可用）。这是默认选项。如果清除此复选框，文件读取器将不会转换 Autodesk 材质。

③ FBX 页面：使用此页面可调整 FBX 文件读取器的选项，如图 2-44 所示。

a. 镶嵌面系数：输入所需的值可控制发生的镶嵌面的级别。镶嵌面系数必须大于或等于 0，值为 0 时，将导致禁用镶嵌面系数。默认值为 1。要获得两倍的镶嵌面数，请将此值加倍。要获得一半的镶嵌面数，请将此值减半。镶嵌面系数越大，模型的多边形数就越多，且 Navisworks 文件也越大。

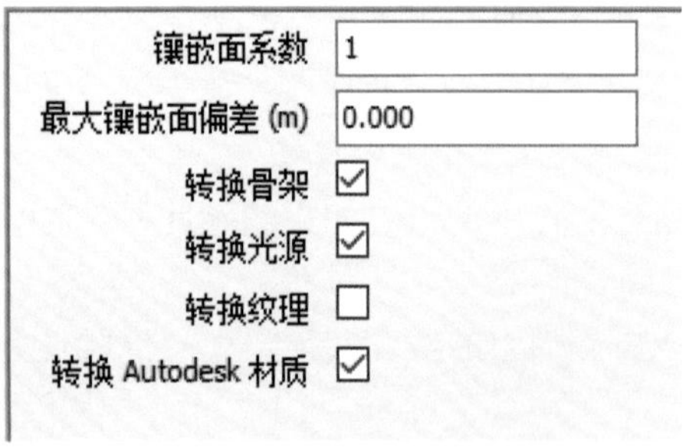

图 2-44

b. 最大镶嵌面偏差：此设置控制镶嵌面的边与实际几何图形之间的最大距离。如果此距离大于"最大镶嵌面偏差"值，Navisworks 会添加更多的镶嵌面。如果将"最大镶嵌面偏差"设置为 0，则会忽略此功能。

　　c. 转换骨架：选中此复选框可转换骨架。如果清除此复选框，文件读取器会忽略骨架。（提示：为三维模型制作动画的常见方法中包含创建一种分层铰接式结构的已命名骨架，其变形会衍生关联模型的变形。骨架接头的位置和置换强行规定模型如何移动。）

　　d. 转换光源：选中此复选框可转换光源。如果清除此复选框，文件读取器会忽略光源。

　　e. 转换纹理：选中此复选框可转换纹理。如果清除此复选框，文件读取器会忽略纹理。

　　f. 转换 Autodesk 材质：FBX 文件可以包含 Autodesk 材质或原生材质。选中此复选框可转换 Autodesk 材质，导出器将尝试转换 Autodesk 材质（如果这些材质是可用）。如果要将原生 FBX 材质转换为 Presenter 材质，请清除此复选框。

　　④ IFC 页面：使用此页面可调整 IFC 文件读取器的选项，如图 2-45 所示，此处将 Revit IFC 勾掉，其他命令即可调整。

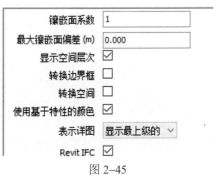

图 2-45

　　a. 镶嵌面系数：输入所需的值可控制发生的镶嵌面的级别。镶嵌面系数必须大于或等于 0，值为 0 时，将导致禁用镶嵌面系数。默认值为 1。要获得两倍的镶嵌面数，请将此值加倍。要获得一半的镶嵌面数，请将此值减半。镶嵌面系数越大，模型的多边形数就越多，且 Navisworks 文件也越大。

　　b. 最大镶嵌面偏差：此设置控制镶嵌面的边与实际几何图形之间的最大距离。如果此距离大于"最大镶嵌面偏差"值，Navisworks 会添加更多的镶嵌面。如果将"最大镶嵌面偏差"设置为 0，则会忽略此功能。

　　c. 显示空间层次：选中此复选框可将 IFC 模型显示为"选择树"中的一个树结构。清除此复选框可将 IFC 模型显示为"选择树"中的一个简单元素列表。

　　d. 转换边界框：选中此复选框可提取边界框并可视化。如果清除此复选框，文件读取器会忽略边界框。

　　e. 转换空间：选中此复选框可提取空间并可视化。如果清除此复选框，文件读取器会忽略空间。

　　f. 使用基于特性的颜色：选中此复选框可转换并使用基于特性的颜色。

　　提示：如果某个 IFC 文件在载入时以黑色为主，请清除此复选框以恢复为使用 IFC 标准颜色。

　　g. 表示详图：指定 IFC 元素的可视表示的级别。IFC 元素可以有多个可视表示，如边界框（最简单）、线、带样式的线、多边形和带样式的多边形（最复杂）。载入并显示所有这些表示可能会导致视觉杂乱并增加内存开销。从以下选项中选择：

　　只最上级的——用于载入并显示最复杂的可用细节级别的同时，忽略较简单的细节级别。

　　显示最上级的——用于载入所有表示，但仅显示可用的最高细节级别。

　　显示所有——用于载入并显示可用的所有表示。

　　H Revit IFC——默认使用 Revit IFC 文件设置。

　　⑤ Inventor 页面：使用此页面可调整 Inventor 文件读取器的选项，如图 2-46 所示。

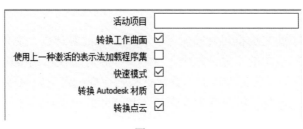

图 2-46

a. 活动项目：指定当前 Inventor 项目的路径。

b. 转换工作曲面：选中此复选框可转换工作曲面。如果清除此复选框，文件读取器会忽略工作曲面。这是默认选项。

c. 使用上一种激活的表示法加载程序集：选中此复选框可以使用上一种激活的表示法加载 Inventor 部件。

d. 快速模式：选中此复选框可以提高加载 Inventor 部件的速度。即便选中此复选框，从 Factory Design Suite 中加载 Inventor 文件时，快速模式也会处于禁用状态。

e. 转换 Autodesk 材质：选择该选项可转换 Autodesk 材质。文件读取器将转换 Autodesk 材质（如果这些材质可用）。这是默认选项。如果清除此复选框，文件读取器将不会转换 Autodesk 材质。

f. 转换点云：使用此选项可加载包含点云数据的 Inventor 模型，从而利用 ReCap 功能。默认情况下，此选项处于选中状态。

⑥ ReCap 页面：使用此页面可调整 ReCap 文件读取器的选项，如图 2-47 所示。

a. 转换模式：控制打开 ReCap 项目时如何对其进行转换。有以下选项：

项目链接：在 Navisworks 中作为单个项目打开的项目，该项目代表到项目的链接。

扫描：在 Navisworks 中对每个扫描的单独对象执行打开的项目操作。

图 2-47

体素：在 Navisworks 中打开的项目，该项目包含组织为每个扫描的组的每个体素（点立方体）的单独项目。

b. 交互式点最大数目：指定在交互式导航过程中由 ReCap 引擎绘制的点的最大数目。默认值为 500 000 个点。增加点数可提高渲染质量，但会降低帧频。

c. 最大内存（MB）：指定将为 ReCap 引擎分配的最大内存量，以 MB 为单位。默认值为 0。这表示将按如下方式分配内存资源：在 32 位计算机上为 0.5GB，在 64 位计算机上为总内存量的 1/3 或 4GB（取较小者）。如果希望 ReCap 引擎使用更多内存资源，则可以更改该值。

d. 点云密度：指定渲染点的密度。默认设置为 100%。这意味着当渲染 ReCap 文件时，Navisworks 将尝试为每个体素渲染一个点，仅需使用足够的点来形成紧密的外观。还可以将点云密度降低到 100% 以下，渲染较少的点来形成稀疏的外观。还可以将点云密度增加到 100% 以上，为每个体素渲染多个点。这可以进一步提高渲染质量，但会显著延长填充所有细节的时间。

注意：当使用"项目链接"转换模式时，仅有的点云密度重要值为 100%、50%、25%、12%、6%、3%和 1%。所有其他值将表现得和相邻的最低重要值一样。

e. 点之间的距离：确定 ReCap 点云中两点之间的距离。使用此选项可以限制为碰撞检测和显示而检索的点数，从而在处理包含许多点的大型 ReCap 文件时获得更快的渲染和改进的性能。

f. 缩放交互式点的大小：确定在交互式导航过程中由 ReCap 引擎绘制的点的大小。默认情况下，此复选框处于选中状态。绘制较大的点以填充点之间的间隙，从而生成更平滑的渲染外观。如果清除该复选框，则绘制正常大小的点，这会增加点之间的间隙。

g. 交互式点最大大小：指定交互式缩放时点的最大大小。

h. 应用照明：默认情况下，此复选框处于清除状态，颜色和光源值将从输入文件提取。如果要改为使用 Navisworks 照明模式，请选中此复选框。

i. 发布时嵌入外部参照：此选项控制在使用选定的"嵌入 ReCap 和纹理数据"选项发布 NWD 时发生的情况。此选项不适用于 Navisworks Freedom。

禁用：ReCap 文件将不会嵌入到已发布的 NWD。

快速访问：ReCap 文件将按照"原样"嵌入已发布的 NWD，以便 NWD 尽可能快地打开。数据未压缩或加密。

已压缩：ReCap 文件将按已发布的 NWD 中的其他数据一样进行处理。它们将被压缩，并且如果使用了密码，则将被加密。打开已发布的文件时，需要等待提取 ReCap 文件。

2.3　快速访问工具栏和选项卡

1. 快速访问工具栏

快速访问工具栏位于应用程序窗口的顶部，其中显示常用命令。可以向快速访问工具栏添加数量不受限制的按钮，按钮会添加到默认命令的右侧。还可以在按钮之间添加分隔符。超出工具栏最大长度范围的命令会以弹出按钮 ▸▸ 显示，如图 2-48 所示。

图 2-48

注意：只有功能区命令可以添加到快速访问工具栏中。

可以将快速访问工具栏移至功能区的上方或下方。

（1）向快速访问工具栏添加功能区按钮的步骤：在功能区的命令按钮上单击鼠标右键，然后单击"添加到快速访问工具栏"。

（2）从快速访问工具栏删除功能区按钮的步骤：在快速访问工具栏中的命令按钮上单击鼠标右键，然后单击"从快速访问工具栏中删除"。

（3）在功能区下方显示快速访问工具栏的步骤：

方法 1：单击"自定义快速访问工具栏"下拉按钮，然后单击"在功能区下方显示"。

方法 2：在快速访问工具栏中的任何按钮上单击鼠标右键，然后单击"在功能区下方显示快速访问工具栏"。

（4）在功能区上方显示快速访问工具栏的步骤：

方法 1：单击"自定义快速访问工具栏"下拉按钮，然后单击"在功能区上方显示"。

方法 2：在快速访问工具栏中的任何按钮上单击鼠标右键，然后单击"在功能区上方显示快速访问工具栏"。

（5）快速访问工具栏默认情况下，包含下列工具，见表 2-1。

表 2-1

选　　项	说　　明
（新建）	关闭当前打开的文件，并创建新文件
（打开）	打开文件
（保存）	保存当前文件
（打印）	打印当前视点
（刷新）	刷新项目中的文件
（撤销）	取消上一个动作
（恢复）	重做上一个动作
（选择）	通过单击鼠标选择项目
（自定义快速访问工具栏）	自定义快速访问工具栏中显示的项目。要启用或禁用某个项目，请在"自定义快速访问工具栏"下拉菜单中该项目旁边单击

2. 选项卡

Navisworks 有七个默认的选项卡，其中包含常用、视点、审阅、动画、查看、输出、渲染。常用中包含对当前项目的一些操作，对模型图元的选择和搜索，可见性显示设置和一些主要的工具，例如 Class Detective（碰撞检查）、TimeLiner（施工模拟模块）、渲染及动画脚本。视点选项卡主要包含一些对视点的操作、对模型的观察操作、模型显示样式及对模型的剖分操作。审阅选项卡内包含对图元的测量和红线批注及添加标记和注释对模型进行进一步的说明指示。动画选项卡包含对动画的制作及脚本使用。查看选项卡内包含观察模型时的一些辅助观察工具，例如轴网、位置、窗口拆分等辅助观察工具。输出选项卡主要是进行图像、动画、模型整合、数据信息的导出。渲染选项卡中包括渲染的设置、渲染入口和保存出口等工具选项。

当单击选择某个模型图元的时候，会弹出一个上下文选项卡：项目工具选项卡，该选项卡提供对当前的选择模型图元的一些操作，例如添加一些颜色来区分模型的显示状态，设置图元的可见性等。

当双击选项卡上的文字时可以对选项卡的显示样式进行循环显示，如图 2-49 所示。它所循环的顺序是按照图 2-50 所示的顺序进行循环。读者可根据符合自己操作习惯的方式去设置选项卡显示状态。建议初学者最好是设置为全部显示完全的状态，当有了一定基础之后，可以将选项卡循环到隐藏的显示状态。隐藏的好处是可以节省当前操作界面的空间，而缺点也很明显，需要多单击一下。在观察浏览模型的时候可以将选项卡隐藏，在对模型进行图元操作的时候将选项卡进行完全显示。

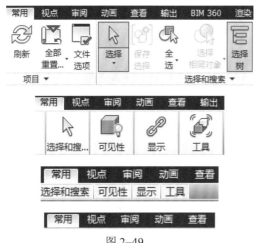

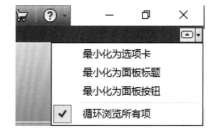

图 2-49   图 2-50

选项卡下的各个面板是可以进行拖曳操作的，可以将面板从选项卡下拖曳到视图操作界面中进行显示。将鼠标放到面板处，按住鼠标左键，向下拖动鼠标，该面板就会随着鼠标的移动进行移动，如图 2-51 所示。即选择和搜索面板被拖曳到了视图操作界面中，它本来的位置是在项目面板和可见性面板之间的。

图 2-51

当把面板拖曳下来之后，会发现无论切换成哪个选项卡拖曳下来的面板会一直显示到这里，可以对该面板中的命令进行操作。当然该面板也是可以再次放回到原来的位置上的。方法有两种：

① 还是使用拖曳的方式进行放置，把鼠标放置到面板上时，该面板左右两端会出现暗色边框。左边边框上的两排点是拖曳面板的操作区域，但是不单击拖曳左侧两排点的位置点到面板空白处也可以进行面板的拖曳。读者可以发现它不仅可以放到原来的位置上，还可以进行前后顺序的调整，来方便命令的使用，如图 2-52 所示。

图 2-52

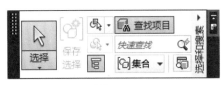

图 2-53

② 通过面板右侧的暗色边框进行面板的返回，如图 2-53 所示。上面的按钮是返回面板按钮，直接单击该按钮可以将面板进行返回，返回的是该面板原始的位置，不论在哪个选项卡上面。下面的按钮是切换面板显示的水平或者垂直方向的。但是切换到垂直方向上显示的时候通常不是想要看到的结果，就是将面板拖得很长，中间会出现很多空白区域。

2.4 工作空间的设置

1. 工作空间

在进行学习之前需要对当前的界面进行一些更改，这些更改就是将一些经常需要用到的命令工具放到方便选择的操作区域，进行模型操作的时候可以快速单击。那么该放置哪些命令工具到界面中去呢？建议把符合自己操作习惯或者公司企业标准的一些命令工具放置到界面中，这些操作可以在大家相对了解了这个软件之后再进行。当进行了这样的工作空间设置之后，不想每一次打开软件都再重新设置一遍，可以将当前的工作空间保存起来，方便下次进行使用，如图 2-54 所示。

单击保存工作空间，将工作空间保存成外部文件，下次使用的时候可以直接载入工作空间进行使用，如图 2-55 所示。单击载入工作空间，选择更多工作空间进行之前的保存工作空间的选择。

图 2-54

图 2-55

单击载入工作空间之后，下面除了可以载入更多的工作空间之外，还可以载入系统自带的几种工作空间模式，其中有安全模式（选择具有最少功能的布局）、Navisworks 最小（选择向"场景视图"提供最多空间的布局）、Navisworks 扩展（选择为高级用户推荐的布局）、Navisworks 标准（选择常用窗口自动隐藏为标签的布局）这四种模式。

在后面的讲解练习中会用到大量的命令工具，所以建议大家选择 Navisworks 扩展模式，该模式下可以包含较为完整的工作流程所需用到的工具，可以满足用户绝大多数的需求。

2. 窗口

当载入 Navisworks 扩展工作空间之后，可以发现界面中会出现很多的窗口，如图 2–56 所示。其中包括自动隐藏的窗口，即最下方红框里的都是自动隐藏的窗口，也包括固定的窗口，即右边红框中的命令。当然左边的有一些是隐藏的窗口，有一些是固定的窗口。

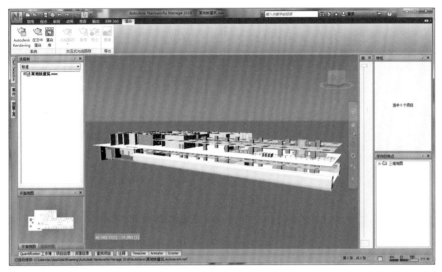

图 2–56

通过单击隐藏的窗口让它显示出来，如果需要经常使用还可以将它锁定成固定窗口，如图 2–57 所示。单击锁定的图标即可将该隐藏窗口锁定到界面中。当窗口固定之后可以对窗口进行移动，即可以让它在视图操作区域的上、下、左、右四个位置上进行放置，如图 2–58 所示。可以看到五个位置可以进行窗口的吸附。上、下、左、右分别是吸附到上、下、左、右四个位置上，中间的图标位置也是吸附到上、下、左、右四个位置上，和前面不同的是吸附之后窗口的大小及所占视图操作区域的位置不同，如图 2–59 所示。用户通过自行尝试可以体会到它们之间的区别。

图 2–57

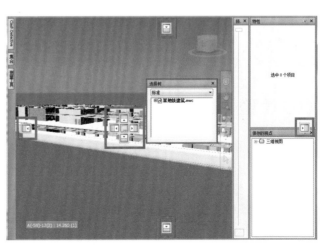

图 2–58

图 2-59

有时候可能不小心关掉了一些窗口，可以通过查看选项卡下的工作空间面板中的窗口工具进行窗口的再次显示，在该窗口设置栏中不仅可以让窗口显示，还可以控制窗口的关闭。或者说有的时候不小心关掉了很多窗口及把许多窗口的位置进行移动了，也可以直接通过再次载入 Navisworks 扩展工作空间来恢复到之前的窗口设置。

2.5 常用选项卡

1. 项目

项目中的命令选项主要是对整个项目进行设置。首先是项目的附加和合并，这一选项在之前的章节中讲解过，这里不再进行赘述。其后是刷新命令，刷新项目中的文件。该操作可以将 Revit 中所做的模型修改刷新到 Navisworks 中进行同步修改。此处需要注意的是在 Revit 中进行修改操作之后，需要保存，然后再次在 Navisworks 中进行刷新，方可进行同步。接下来详细讲解一下该操作的步骤：

① 使用 Revit 打开模型文件。

② 使用 Navisworks 直接打开 Revit 模型文件，注意此刻没有进行 NWC 文件的导出。

③ 在 Revit 中进行模型的修改，例如删掉某个模型，然后进行保存。

④ 打开 Navisworks 软件，单击刷新命令进行模型的更新。

注意：在此过程中的 Revit 软件和 Navisworks 软件是同时打开的，来进行两个软件之间的协同同步操作。

下一个命令是全部重置，重置 Navisworks 中对模型图元的一些更改，比如添加了颜色、透明度、位置、链接等信息，如图 2-60 所示，即为给模型添加了颜色和透明度及链接，并进行了模型的移动旋转变换。重置的操作包括外观（将所有颜色和透明度替换重置为原始设计文件中的值）、变换（重置所有变换替代）、链接（将项目中的所有链接重置为其原始状态）。该选项需要对模型图元进行操作之后才能体现它的价值，读者可以在学习完成项目工具中的操作之后在进行尝试即可。

该面板中最后一个命令是文件选项，如图 2-61 所示。该选项中主要控制模型的外观和围

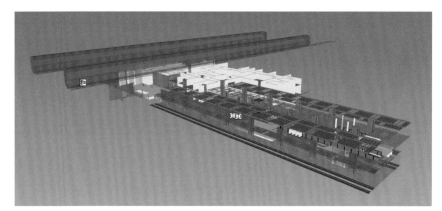

图 2-60

绕它导航的速度，还可以创建指向外部数据库的链接并进行配置。某些选项卡仅在使用三维模型时可用。修改此对话框中的任何选项时，所做更改将保存在当前打开的 Navisworks 文件中，且仅应用于此文件。

（1）消隐：使用此选项卡可在打开的 Navisworks 文件中调整几何图形消隐。"剪裁平面"和"背面"选项仅适用于三维模型。

1）区域：

① 启用：指定是否使用区域消隐。

② 指定像素数：为屏幕区域指定一个像素值，低于该值就会消隐对象。例如将该值设置为 100 像素意味着在该模型内绘制的大小小于 10×10 像素的任何对象会被丢弃。

2）剪裁平面：

① 近：

a. 自动：选择此单选按钮可使 Navisworks

图 2-61

自动控制近剪裁平面位置，以提供模型的最佳视图，此时"距离"框变成不可用。

b. 受约束：选择此单选按钮可将近剪裁平面约束到在"距离"框中设置的值。Navisworks 会使用提供的值，除非这样做会影响性能（例如使整个模型不可见），这种情况下它会根据需要调整近剪裁平面位置。

c. 固定：选择此单选按钮可将近剪裁平面设置为在"距离"框中提供的值。

d. 距离：指定在受约束模式下相机与近剪裁平面位置之间的最远距离。指定在固定模式下相机与近剪裁平面位置之间的精确距离。

注意：相机与近剪裁平面之间不会绘制任何内容；当用户替代自动模式时，请使此值足够小以显示用户的数据。而且，使用低于 1 的值替换自动模式可能会产生难以预测的结果。

② 远：

a. 自动：选择此单选按钮可使 Navisworks 自动控制远剪裁平面位置，以提供模型的最佳视图。"距离"框变成不可用。

b. 受约束：选择此单选按钮可将远剪裁平面约束到在"距离"框中设置的值。Navisworks会使用提供的值，除非这样做会影响性能（例如使整个模型不可见），这种情况下它会根据需要调整远剪裁平面位置。

c. 固定：选择此单选按钮可将远剪裁平面设置为在"距离"框中提供的值。

d. 距离：指定在受约束模式下相机与远剪裁平面位置之间的最近距离。指定在固定模式下相机与远剪裁平面位置之间的精确距离。

注意：不会在此平面之外绘制任何内容，当替代自动模式时，请使此值足够大以包含用户的数据。另外，远剪裁平面与近剪裁平面的比率超过 10 000 可能会产生不希望的效果。

3）背面：为所有对象打开背面消隐。从以下选项中选择：

① 关闭：关闭背面消隐。

② 立体：仅为立体对象打开背面消隐。这是默认选项。

③ 打开：为所有对象打开背面消隐。

提示：如果用户可以看穿某些对象，或者缺少某些对象部件，请关闭背面消隐。

（2）方向：使用此选项卡可调整模型的真实世界方向。此选项卡仅适用于三维模型。

① 向上：

X、Y、Z：指定 X、Y 和 Z 坐标值。默认情况下，Navisworks 会将正 Z 轴作为"向上"。

② 北：

X、Y、Z：指定 X、Y 和 Z 坐标值。默认情况下，Navisworks 会将正 Y 轴作为"北方"。

（3）速度：可调整帧频速度以减少在导航过程中忽略的数量。

帧频：指定在"场景视图"中每秒渲染的帧数（FPS）。默认设置为 6。可以将帧频设置为 1 帧/秒至 60 帧/秒之间的值。减小该值可以减少忽略量，但会导致在导航过程中出现不平稳移动。增大该值可确保更加平滑的导航，但会增加忽略量。

提示：如果此操作不会改善导航，请尝试禁用"保证帧频"选项。

（4）头光源：可为"顶光源"模式更改场景的环境光和顶光源的亮度。此选项卡仅适用于三维模型。

a. 环境光：使用该滑块可控制场景的总亮度。

b. 顶光源：使用该滑块可控制位于相机上的光源的亮度。

注意：若要在"场景视图"中查看所做更改对模型产生的影响，请应用功能区中的"头光源"模式。

（5）场景光源：可为"场景光源"模式更改场景的环境光的亮度。此选项卡仅适用于三维模型。

环境光：使用该滑块可控制场景的总亮度。

提示：要查看所做更改对"场景视图"中的模型所产生的效果，请在功能区中应用"场景光源"模式。

（6）DataTools：可在打开的 Navisworks 文件与外部数据库之间创建链接并进行管理。

DataTools 链接：显示 Navisworks 文件中的所有数据库链接。选中该链接旁边的复选框可将其激活。

a. 注意：无法激活配置信息不足或无效的链接。

b. 新建：打开"新建链接"对话框，可以在其中指定链接参数。

c. 编辑：打开"编辑链接"对话框，可以在其中修改选定数据库链接的参数。

d. 删除：删除选定的数据库链接。

e. 导入：用于选择并打开先前保存的 DataTools 文件。

导出：将选定数据库链接另存为一个 DataTools 文件。

2. 可见性

（1）隐藏：可以隐藏当前选择中的对象，以使它们不会在"场景视图"中被绘制，如图 2-62 所示。希望隐藏模型的特定部分时，这是很有用的。例如，当第三人沿着建筑的走廊行走时，可能需要隐藏挡住了第三人的视线的墙。

图 2-62

（2）强制可见：虽然 Navisworks 将在场景中以智能方式排定进行消隐的对象的优先级，但有时它会忽略需要在导航时保持可见的几何图形。这时需要通过设置使对象成为强制项目，可以确保在交互式导航过程中始终对这些对象进行渲染，即始终保持这些几何图形的可见。（此情况适用于大型项目，当进行交互式导航时，模型会进行不同程度的消隐，如果不想让模型进行消隐，可以选中不想进行消隐的模型，然后进行强制可见，保持其始终是可见的状态）

（3）隐藏未选定的对象：可以隐藏除当前选定项目之外的所有项目，以使它们不会在"场景视图"中被绘制。仅希望查看模型的特定部分时，这是很有用的。

注意：在"选择树"中，标记为隐藏的项目显示为灰色。

（4）取消隐藏所有对象：

1）显示全部：即显示所有被隐藏的几何图形。

2）取消强制所有项目：取消所有已经强制可见的几何图形，使其在进行交互式导航时不再始终可见。

3. 显示

（1）显示链接：可以在"场景视图"中打开和关闭在项目工具中添加的链接。打开链接时，通过选项编辑器中的链接设置可以在"场景视图"中显示的链接数、隐藏碰撞图标和使用消隐，可以降低屏幕的凌乱程度。由于某些标准链接类别可以与注释相关联，因此可以选择仅绘制具有附加注释的链接。

（2）快捷特性：可以在"场景视图"中打开和关闭快捷特性。Navisworks 会记住任务之间选定的可见性设置。

打开"快捷特性"时，在"场景视图"中的对象上移动光标时，可以在工具提示样式窗口中查看特性信息，如图 2-63 所示。用户无需首先选择对象。快捷特性工具提示会在几秒钟后消失。

默认情况下，快捷特性显示对象的名称和类型，可以使用"选项编辑器"定义显示哪些特性。通过配置的每个定义，可以在快捷特性中显示其他类别/特性组合。可以选择是否在快捷特性中隐藏类别名称。

注意：将鼠标移到无请求特性的对象上时，Navisworks 将在选择树中向上搜索包含该信息的父对象，并改为显示此父对象，从而最大限度地获得有用信息。

（3）特性：该命令按钮是控制特性窗口的显示和关闭的。特性窗口中将显示选定对象的相关特性信息，如图2-64所示。

图2-63

图2-64

特性窗口是一个可固定窗口，其中包含专用于和当前选定对象关联的每个特性类别的选项卡。默认情况下，不显示内部文件特性，如变换特性和几何图形特性。通过选项编辑器可以启用这些特性；可以使用"特性"关联菜单创建并管理自定义对象特性以及链接；还可以将更多对象特性从外部数据库引入Navisworks，并在特性窗口中特定于数据库的选项卡上显示这些特性。

注意：特性栏显示的特性信息是和选择精度有关的，读者可以在读完选择精度后再次尝试，选择精度不同，得到的特性信息也是不一样的。

2.6 视点选项卡

1. 相机

（1）透视：使用透视图显示视点，即以透视方式观察视图。

（2）正视：不使用透视图显示视点。

"正视"投影也称为平行投影。"透视"投影视图基于理论相机与目标点之间的距离进行计算。相机与目标点之间的距离越短，显示的透视效果越失真；距离越长，对模型产生的失真影响越小。"正视"投影视图显示所投影的模型中平行于屏幕的所有点。

由于无论距相机有多远，模型的所有边都显示为相同的大小，因此在平行投影模式下使用模型会更容易。但是平行投影模式并非读者通常在现实世界中观看对象的方式，现实世界中的对象是以透视投影呈现。因此，当读者要生成模型的渲染或隐藏线视图时，使用透视投影可以使模型看起来更真实。

如图2-65和图2-66所示显示了从相同的查看方向查看到的相同模型，但使用了不同的视图投影（应注意在漫游模式下无法进入正视视角）。

（3）视野：定义在三维空间中通过相机查看的场景视图范围。向右移动滑块会产生更宽的视图角度，而向左移动滑块会产生更窄的或更加紧密地聚焦的视图角度。该值最小为0.1°，最大为179°。可以直接通过拖动滑块来调整视野，也可以通过在后面的数字栏中直接输入相应的数值（通常正常人在水平面内的视野是：左右视区大约在60°以内的区域）。

（4）对齐相机：

X排列：沿着X轴对齐相机位置，与X轴对齐会在前面视图和背面视图之间进行切换。

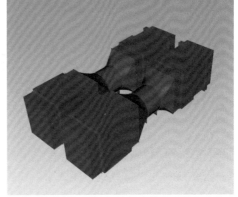

图 2-65   图 2-66

Y 排列：沿着 Y 轴对齐相机位置，与 Y 轴对齐会在左面视图和右面视图之间进行切换。

Z 排列：沿着 Z 轴对齐相机位置，与 Z 轴对齐会在顶面视图和底面视图之间进行切换。

伸直：将相机与视点向上进行矢量对齐，此命令仅适用于当模型与矢量方向角度不大时，方可进行伸直。如果使用该命令操作，模型与矢量角度太大时，该命令就无法识别到要与哪个方向的矢量进行对齐，导致命令无法进行。该命令仅适用于单方向矢量对齐。

（5）显示倾斜控制栏：该命令是控制倾斜控制栏的显示和关闭，如图 2-67 所示。倾斜角度是采用场景单位指示的，窗口的中心为地平线（0），低于地平线为负值，高于地平线为正值。可以将"倾斜"窗口与导航栏上的"漫游"工具一起使用来从下往上看/从上往下看。如果鼠标有滚轮，也可以使用它来调整倾斜角度。

图 2-67

2. 渲染样式

（1）光源

1）全光源：此模式使用已通过"Autodesk 渲染"工具或"Presenter"工具定义的光源。

2）场景光源：此模式使用已从原生 CAD 文件提取的光源。如果没有可用光源，则将改为使用两个默认的相对光源。可以在文件选项对话框中自定义场景光源的亮度。

3）头光源：此模式使用位于相机上的一束平行光，它始终与相机指向同一方向。

4）可以在"文件选项"对话框中自定义"头光源"特性。

5）无光源：此模式将关闭所有光源。场景使用平面渲染进行着色。

（2）模式。渲染通过使用已设置的照明和已应用的材质及环境设置（如背景）对场景的几何图形进行着色。在 Navisworks 中，可以使用四种渲染模式来控制在"场景视图"中渲染项目的方式。以下球体显示了渲染模式对模型外观产生的效果，如图 2-68 所示。从左到右的顺序为"完全渲染""着色""线框"和"隐藏线"。

1）完全渲染：在完全渲染模式下，将使用平滑着色（包括已使用"Autodesk 渲染"工具或"Presenter"工具应用的任何材质，或已从程序自有 CAD 文件提取的任何材质）渲染模型。

2）着色：在"着色"模式下，将使用平滑着色且不使用纹理渲染模型。

3）线框：在"线框"模式下，将以线框形式渲染模型。因为 Navisworks 使用三角形表

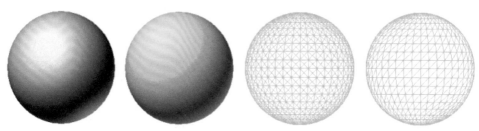

图 2–68

示曲面和实体,所以在此模式下所有三角形边都可见。

4)隐藏线:在"隐藏线"模式下,将在线框中渲染模型,但仅显示对相机可见的曲面的轮廓和镶嵌面边。

注意:在线框模式下,曲面渲染为透明的,而在隐藏线模式下曲面渲染为不透明的。

(3)可以在"场景视图"中启用和禁用"曲面""线""点""捕捉点"和"三维文字"的绘制。"点"是模型中的真实"点",而"捕捉点"用于标记其他图元上的位置(例如圆的圆心),且对于测量时捕捉到该位置很有用。

1)曲面:显示、隐藏曲面几何图形。

2)线:可以在模型中切换线的渲染。还可以使用"选项编辑器"更改绘制线的线宽。

3)点:点是模型中的实际点。例如,在激光扫描文件中,点云中的点。可以在模型中切换点的渲染。还可以使用"选项编辑器"更改绘制点的大小。

4)捕捉点:捕捉点是模型中的暗示点。例如,球的中心点或管道的端点。可以在三维模型中切换捕捉点的渲染。还可以使用"选项编辑器"更改绘制捕捉点的大小。

5)文字:可以在三维模型中切换文字的渲染。二维图纸不支持此功能。

注意:读者在操作的时候可能会发现自己的操作面板不能进行启用和禁用的操作,这是因为当前模型中不包含文字、点等信息。

2.7 查看选项卡

1. 轴网和标高

(1)显示轴网:此命令按钮控制轴网的显示关闭。通过轴网的显示来方便对模型进行更加方便的观察,来更加明确图形元素所处的位置。

(2)模式

1)上方和下方:在紧挨相机位置上方和下方的级别上显示活动轴网。

2)上方:在相机位置正上方标高处显示活动轴网。

3)下方:在相机位置正下方标高处显示活动轴网。

4)全部:在所有可用级别上显示活动轴网。

5)固定:在用户指定的一个级别上显示活动轴网。(如果选择此选项,则可以在"显示标高"下拉列表 中指定标高)

(3)如图 2–69 所示,上方显示的选项是选择轴网是来自哪个场景的文件。下方的选项是当模式为固定的时候,轴网是显示在哪一个标高上的轴网。

注意:轴网和标高面板右下角有一个箭头,单击该箭头可以进入到选项编辑器进行轴网的显示设置。

2. 场景视图

（1）全屏：在"全屏"模式下，当前场景视图会占据整个屏幕。要在场景视图中与模型交互，可以使用 ViewCube、导航栏、键盘快捷键和关联菜单。如果想要退出全屏可使用快捷键 F11，或者在场景视图中单击鼠标右键中进行操作，如图 2-70 所示。

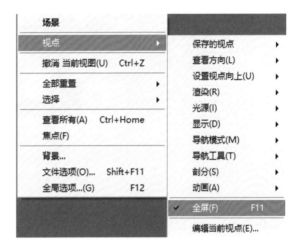

图 2-69   图 2-70

提示：如果使用两个显示器，则会自动将默认场景视图放置在主显示器上，且可以将该界面放置到辅助显示器上以控制交互。

（2）拆分视图：拆分视图工具提供水平和垂直拆分活动场景视图，方便从不同的角度进行模型的观察。

（3）背景：在 Navisworks 中，可以选择要在"场景视图"中使用的背景效果。

当前，提供了下列选项：

单色：场景的背景使用选定的颜色填充。这是默认的背景样式，此背景可用于三维模型和二维图纸，如图 2-71 所示。

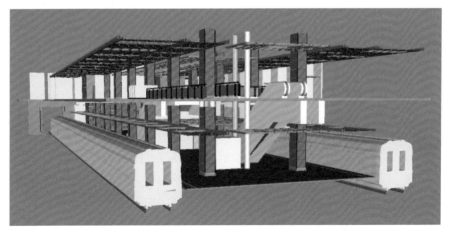

图 2-71

渐变：场景的背景使用两个选定颜色之间的平滑渐变色填充。此背景可用于三维模型和二维图纸，如图 2-72 所示。

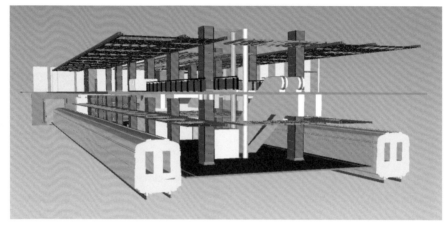

图 2-72

地平线：三维场景的背景在地平面分开，从而生成天空和地面的效果，如图 2-73 所示。生成的仿真地平仪可指示用户在三维世界中的方向。默认情况下，仿真地平仪将遵守在文件选项 > 方向中设置的世界矢量。二维图纸在正交模式下不支持此背景。

图 2-73

图 2-74

提示：仿真地平仪是一种背景效果，不包含实际地平面。因此，如果"在地面下"导航并仰视，并不会产生"埋在地下"的视觉效果，而将从下面看到模型和使用天空颜色填充的背景。

（4）窗口尺寸：此选项可调整活动场景视图的内容大小。单击此选项会弹出一个对话框，如图 2-74 所示，有几个选项，分别是：

1）使用视图：使内容填充当前活动场景视图。

2）显式：为内容定义精确的宽度和高度。

3）使用纵横比：输入高度时，使用当前场景视图的纵横比自动计算内容的宽度，或者输入宽度时，使用当前场景视图的纵横比自动计算内容的高度。

如果选择了"显式"或"使用纵横比"选项，请以像素为单位输入内容的宽度和高度。

（5）显示标题栏：当进行了拆分视图命令之后，可以通过此命令控制视图区域上方的标题栏是否可见，如图 2-75 所示。

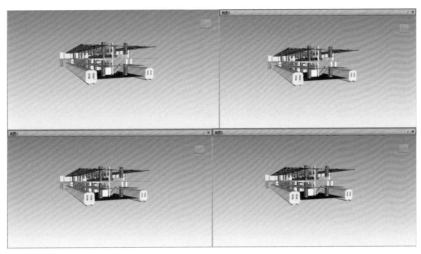

图 2-75

2.8 项目工具

1. 返回

返回处于当前视点处的设计应用程序。此功能可用在后期做完碰撞检测之后，选择模型元素，进行返回到最初设计的应用程序进行修改。接下来就设计应用程序为 Revit 将操作步骤讲解一下：

（1）对于 Revit 或基于 Revit 的产品，以常规方式打开产品，然后初始化 Navisworks SwitchBack 2018 附加模块：

① 打开任何现有项目，或创建新项目。

② 单击"附加模块"选项卡 > "外部工具" > "Navisworks SwitchBack 2018"以将其启用。现在，可以关闭项目，但不要关闭 Revit。

（2）返回到 Navisworks 并打开所需的文件。只要使用的是从 Revit 中导出的 NWC 文件，或已保存的 NWF 或 NWD 文件，就可以返回到 Revit。

（3）在"场景视图"中选择对象，然后单击"项目工具"选项卡 > "返回"面板 > "返回" . Revit 将加载相关的项目，查找并选择对象，然后对其进行缩放。如果对选定对象的返回操作不成功，并且用户收到一条错误消息，请尝试进一步选择 Navisworks 中的"选择树"。

提示：或者，在"Clash Detective"窗口中的"结果"选项卡上，可以单击"返回"按钮。

注意：如果尝试使用返回而 RVT 文件不在其保存时所在的位置，系统将显示一个对话框，询问用户是否要浏览到 RVT 文件。首次使用"返回"功能加载 Revit 文件时，将在

Navisworks 中创建一个基于所选投影视图模式的三维视图。下一次使用"返回"功能加载 Revit 文件时，同样的投影视图模式将会加载，除非在 Navisworks 中更改了投影视图模式。

2. 持定

在 Navisworks 中围绕模型导航时，可以"拾取"或保持选定项目，并可在模型中来回移动。例如，用户要查看某个工厂的平面图并希望看到机器布局的不同配置。

3. 观察

（1）关注项目：将当前视图聚焦于选定的项目，处于焦点模式时，单击某个项目旋转相机，单击的点则处于视图中心。

（2）缩放：缩放相机以使选定项目填充场景视图。

4. 可见性

（1）隐藏：可以隐藏当前选择中的对象，以使它们不会在"场景视图"中被绘制。希望隐藏模型的特定部分时，这是很有用的。例如，当用户沿着建筑的走廊行走时，可能需要隐藏挡住了用户视线的墙。

（2）强制可见：虽然 Navisworks 将在场景中以智能方式排定进行消隐的对象的优先级，但有时它会忽略需要在导航时保持可见的几何图形。这时需要通过使对象成为强制可见的项目状态，以确保在交互式导航过程中始终对这些对象进行渲染，即始终保持这些几何图形的可见（此情况适用于大型项目，当进行交互式导航时，模型会进行不同程度的消隐，如果不想让模型进行消隐，可以选中不想进行消隐的模型，然后进行强制可见，保持其始终是可见的状态）。

5. 变换

（1）移动：使用平移小控件平移选定的项目。如图 2-76 所示，可以通过红色、蓝色和绿色的箭头对当前选定项目分别进行单方向平移操作，也可以通过选择红色平面、绿色平面和蓝色平面对当前选定项目分别进行两个方向的平移操作。

（2）旋转：使用旋转小控件平移选定的项目。如图 2-77 所示，可以通过红色、蓝色和绿色的箭头对当前旋转的旋转中心进行单方向平移操作，来确定旋转中心的位置。确定旋转中心也可以通过将鼠标放到白色小球上面，按住鼠标左键进行拖动确定旋转中心的位置，也可以通过选择红色扇形面、绿色扇形面和蓝色扇形面对当前选定项目进行单方向的旋转操作。

图 2-76

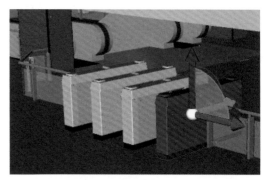

图 2-77

（3）缩放：使用缩放小控件平移选定的项目。如图 2-78 所示，可以通过红色、蓝色和绿色的箭头对当前选定项目进行单方向缩放操作；通过选择红色三角面、绿色三角面和蓝色三角面对当前选定项目进行两个方向的缩放操作；通过将鼠标放到白色小球上面，按住鼠标左键进行拖动鼠标可以实现对当前选定项目的三个方向的缩放操作。

（4）重置变换：将选定项目的位置、旋转和比例重置为其原始值。

（5）单击变换面板中的向下三角箭头可以打开一个隐藏选项，如图 2-79 所示。在该面板中可以实现对选定项目的精确位置、旋转、缩放、变换中心的调控。可以直接输入精确的数值进行变换。左下角位置还有一个磁铁样式的图标是捕捉项目，使用此选项可以在移动小控件时捕捉到边和顶点，而在旋转小控件时支持捕捉到角度增量。再往下是图钉样式图标，该图标可以将该隐藏面板进行锁定，如果不锁定该面板，当鼠标移开的时候该面板会收回隐藏。

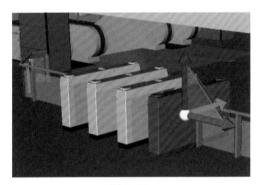

图 2-78

图 2-79

6. 外观

（1）透明度：设置选定项目的透明度，如图 2-80 所示，可以通过滑块快速改变选定项目的透明度，也可以在后面的输入框中直接输入数值进行透明度的调整。

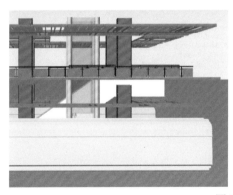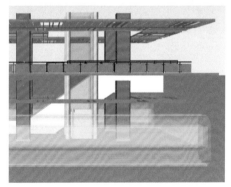

图 2-80

（2）颜色：设置选定项目的颜色，如图 2-81 所示，单击"颜色"选择框可以选择想要变换的颜色。如果此选择框内的预设颜色不能满足用户的需要，可以单击左下角的"更多颜色"进行自定义颜色的设置，如图 2-82 所示，可以通过先选择基本颜色作为底色，然后再使用色调、饱和度、亮度系统或红（R）绿（G）蓝（B）系统对颜色进行调节。最后单击"添加到自定义颜色"进行使用。

（3）重置外观：重置选定项目的颜色和透明度。

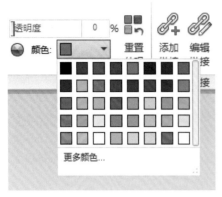
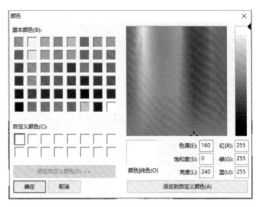

图 2-81　　　　　　　　　　　　　　　　图 2-82

7. 链接

（1）添加链接：添加指向选定项目的链接。可以添加指向各种数据源（如电子表格、网页、脚本、图形、音频和视频文件等）的链接。一个对象可以具有多个附加到它的链接，但是在"场景视图"中仅显示一个链接（称为默认链接）。默认链接是首先添加的链接，如有必要，可以将其他链接标记为默认链接。

如图 2-83 所示，添加一个链接分四步：① 为当前链接起一个名称；② 选择链接到的文件或 URL，文件的可选类型如图 2-84 所示；③ 选择链接的类别或者直接输入用户需要自定义的类别；④ 添加连接点，一个链接可以有很多连接点同时指向当前链接。添加完成之后，如果不满意，也可以进行全部清除进行重新添加连接点操作。

图 2-83

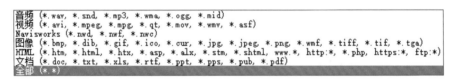

图 2-84

（2）编辑链接：可以对已经添加的链接的选定项目进行再次编辑，也可以对未添加链接的选定项目添加新的链接。单击"编辑链接"，如图 2-85 所示。

图 2-85

56

添加：进行新的链接的添加。

编辑：选择已经添加的链接进行再次编辑回到上一步添加链接的编辑界面中。

跟随：选择已经添加的链接，单击"跟随"，可以跳转到链接到的文件或 URL。

删除：将添加的链接进行删除。

设为默认：当添加多个链接之后，可以选择哪个链接是默认的链接选项。

上移：添加多个链接时，进行链接向上移动的操作。

下移：添加多个链接时，进行链接向下移动的操作。

（3）重置链接：重置选定项目上的链接将删除读者手动添加到该对象的所有链接。如果出现错误，请使用 ↰ 快速访问工具栏上的"撤消"按钮。

第3章 漫　游

3.1　导航辅助工具

1. 导航栏

查看选项卡下，导航辅助工具面板中可以看到导航栏命令。可以从导航栏访问通用导航工具和特定于产品的导航工具。导航栏是一种用户界面元素，用户可以从中访问通用导航工具和特定于产品的导航工具。

通用导航工具（例如 ViewCube、3Dconnexion 和 Steering Wheels）是在许多 Autodesk 产品中都提供的工具。特定于产品的导航工具为该产品所特有。导航栏沿"场景视图"的一侧浮动。

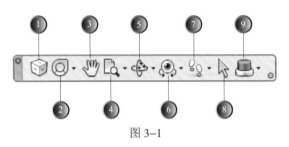

图 3-1

通过单击导航栏中任意一个按钮，或从单击分割按钮的较小部分时显示的列表中选择一种工具来启动导航工具。如图 3-1 所示，当在查看选项卡下的导航辅助工具 ViewCube 打开时，导航栏中将不显示 ViewCube 工具图标。

1）ViewCube：指示模型的当前方向，并用于重新定向模型的当前视图。

2）SteeringWheels：用于在专用导航工具之间快速切换的控制盘集合。

3）平移工具：激活平移工具并平行移动屏幕视图。

4）缩放工具：用于增大或减小模型的当前视图比例的一组导航工具。

5）动态观察工具：用于在视图保持固定时围绕轴心点旋转模型的一组导航工具。

6）环视工具：用于垂直和水平旋转当前视图的一组导航工具。

7）漫游和飞行工具：用于围绕模型移动和控制真实效果设置的一组导航工具。

8）选择工具：几何图形选择工具。用户无法在选择几何图形时导航整个模型。

9）3D connexion：一组导航工具，用于通过 3D connexion 三维鼠标重新确定模型当前视图的方向。

注意：在二维工作空间中，仅二维导航工具（例如二维 Steering Wheels、平移、缩放和二维模式 3D connexion 工具）可用。

导航栏默认固定位置在场景视图右上方显示，可以通过单击右下角自定义按钮进行固定位置的选择，分别有左上、右上、左下、右下进行导航栏位置的选择。

通过单击查看选项卡 > 导航辅助工具 > 导航栏选项可以进行导航栏的关闭、打开设置。当然也可以通过单击场景视图中导航栏右上角的关闭按钮直接进行关闭。

2. ViewCube

（1）ViewCube 工具可进行单击拖动，可用来在模型的各个视图之间切换。显示 ViewCube 工具时，默认情况下它将位于"场景视图"的右上角，模型的上方，且处于不活动状态。ViewCube 工具在视图发生更改时可提供有关模型当前视点的直观反映。将光标放置在 ViewCube 工具上后，ViewCube 将变为活动状态。可以单击或拖动 ViewCube，来切换到可用的预设视图或更改为模型的主视图，如图 3-2 所示。

图 3-2

（2）控制 ViewCube 的外观。ViewCube 工具以不活动状态或活动状态显示。当 ViewCube 工具处于不活动状态时，默认情况下它显示为半透明状态，这样便不会遮挡模型的视图。当 ViewCube 工具处于活动状态时，它显示为不透明状态，并且可能会遮挡模型当前视图中对象的视图。

除了可以控制 ViewCube 处于不活动状态时的不透明度外，还可以控制其大小和指南针的显示，用于控制 ViewCube 外观的设置位于"选项编辑器"中。

（3）使用指南针。指南针显示在 ViewCube 工具的下方并指示为模型定义的北向，如图 3-3 所示。可以单击指南针上的基本方向文字以旋转模型，也可以单击并拖动其中一个基本方向文字或指南针圆环绕指定轴心点以交互方式旋转模型。

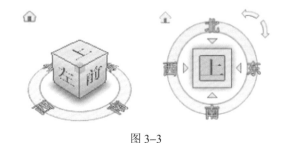

图 3-3

（4）ViewCube 菜单选项。在 ViewCube 上单击右键，将显示 ViewCube 菜单选项：

主视图：恢复随模型一起保存的主视图。该视图与"Steering Wheels"菜单中的"转至主视图"选项同步。

透视：将当前视图切换至透视投影。

将当前视图设定为主视图：定义模型的主视图。

将当前视图设定为前视图：定义模型的前视图。

ViewCube 选项：显示"选项编辑器"，可以在其中调整 ViewCube 工具的外观和行为。

帮助：启动联机帮助系统并显示有关 ViewCube 工具的主题。

3. HUD

HUD（平视显示仪）是提供有关第三人在三维工作空间中的位置和方向信息的屏幕显示仪。此功能在二维工作空间中不可用。

在 Navisworks 中，可以使用下列 HUD（平视显示仪）元素：

（1）XYZ 轴：如图 3-4 所示，显示相机的 X、Y、Z 方向或第三人的眼位置（如果第三人可见）。"XYZ 轴"指示器位于"场景视图"的左下角。

（2）位置读数器：如图 3-5 所示，显示相机的绝对 X、Y、Z 位置或第三人的眼位置（如果替身可见）。"位置读数器"位于"场景视图"的左下角。

（3）轴网位置：显示相机相对于活动轴网的轴网和标高位置，如图 3-6 所示，当前位置在 G 轴向下 1m，3 轴向左 2m，标高 02-地面向上 1m 处。HUD 显示基于距离当前相机位置最近的轴网交点以及当前相机位置下面的最近标高，轴网位置指示器位于"场景视图"的左下角。

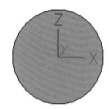

X: -50.51m Y: -57.92m Z: 10.97m		G(-1)-3(-2)：02 - 地面 (1)

图 3-4　　　　　　　　　　　　图 3-5　　　　　　　　　　　　图 3-6

4. 参考视图

参考视图用于获得用户在整个场景中所处位置的全景以及在大体量模型中将相机快速移动到某个位置。该功能在三维工作空间中可用。

（1）在 Navisworks 中提供了两种类型的参考视图：剖面视图、平面视图。

参考视图显示模型的某个固定视图。默认情况下，剖面视图从模型的前面显示视图，而平面视图显示模型的俯视图。

参考视图显示在可固定窗口内部，使用三角形标记表示用户的当前视点。当用户在场景视图中导航时此标记会移动，从而显示用户的视图的方向和位置。还可以在该标记上按住鼠标左键并拖动以在"场景视图"中移动相机来浏览视图。

注意：如果参考视图与相机视图处于同一平面中，则该标记会变为一个小点。如果参考视图中查看不到三角形标记或小点，请试着将模型移动到场景视图中间位置来调节查看。

（2）参考视图选项。在"剖面视图"窗口或"平面视图"窗口上单击鼠标右键可打开包含下列选项的关联菜单，见表 3-1。

表 3-1

选　项	说　　明
查看方向	用于将参考视图设置为其中一个预设视点。从以下选项中选择："上""下""前""后""左""右"或"当前视点"。选中"当前视点"选项可将参考视图设置为活动导航视点中的视图
更新当前视点	将活动导航视点设置为参考视图中的视图
编辑视点	打开"编辑视点"对话框，并可用于修改相应的参考视图的设置
锁定纵横比	指示 Navisworks 将参考视图的纵横比与"场景视图"中当前视点的纵横比相匹配，甚至使用参考视图调整窗口的大小时，也会进行匹配。这通常会使参考视图的顶部和底部或任一侧出现灰色条纹
刷新	基于当前设置重新绘制参考视图
帮助	打开上下文相关帮助

3.2 导航

1. Steering Wheels

进入到视点选项卡下导航面板中，Steering Wheels（也称作控制盘）将多个常用导航工具结合到一个界面中，从而节省时间。控制盘特定于查看模型时所处的上下文。

（1）图 3-7 依次显示了各种可用的控制盘，包括二维导航控制盘、全导航控制盘、查看对象控制盘（基本控制盘）、巡视建筑控制盘（基本控制盘）、全导航控制盘（小）、查看对象控制盘（小）、巡视建筑控制盘（小）。

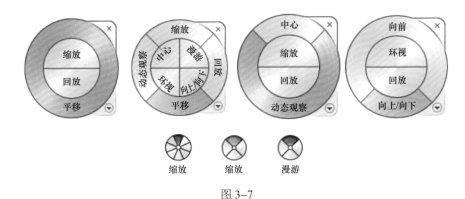

图 3-7

（2）显示和使用控制盘。按住并拖动控制盘的按钮是交互操作的主要模式。显示控制盘后，单击按住其中一个按钮以激活导航工具。拖动以重新设置当前视图的方向。松开鼠标可返回至控制盘。

（3）控制控制盘的外观。可以通过 Steering Wheels 命令下三角内可用的不同控制盘样式之间切换来控制控制盘的外观，也可以通过调整大小和不透明度进行控制。控制盘有两种不同的样式：大版本如图 3-8 所示，小版本如图 3-9 所示。大控制盘比光标大，且标签显示在控制盘按钮上。小控制盘大与光标的大小差不多，且标签不显示在控制盘按钮上。

图 3-8   图 3-9

控制盘的大小控制显示在控制盘上按钮和标签的大小；不透明度级别控制被控制盘遮挡的模型中对象的可见性。

（4）控制控制盘的工具提示和工具的消息。光标移动到控制盘上的每个按钮上时，系统会显示该按钮的工具提示。工具提示出现在控制盘下方，并且在单击按钮时确定将要执行的操作。

与工具提示类似，当使用控制盘中的一种导航工具时，系统会显示工具消息和光标文字。当导航工具处于活动状态时，系统会显示工具消息；工具消息提供有关使用工具的基本说明。工具光标文字会在光标旁边显示活动导航工具的名称。禁用工具消息和光标文字只会影响使用小控制盘或全导航控制盘（大）时所显示的消息。

2．平移

使用平移工具可平行于屏幕移动视图。当"平移"工具处于活动状态时，会显示"平移"光标（四向箭头）。拖动鼠标可以沿拖动方向移动模型。例如，向上拖动时将向上移动模型，而向下拖动时将向下移动模型。

提示：如果光标到达屏幕边缘，可以通过进一步拖动光标以使其在屏幕上折返，来继续平移。

3．缩放窗口

用于增大或减小模型的当前视图比例的一组导航工具。

（1）缩放窗口：通过单击导航面板上的"缩放"下拉菜单中的"缩放窗口"可激活该工具。在此模式下，在"场景视图"中围绕要布满的某个区域拖出一个矩形框可放大到模型的该区域。

（2）缩放：更改模型的缩放比例。按住鼠标左键向上或向下拖动可分别进行放大和缩小。

（3）缩放选定对象：相机会缩放以使选定项目布满"场景视图"。

（4）缩放全部：使用此功能可以推拉和平移相机以使整个模型显示在当前视图中，如果在模型中迷路或者完全丢失模型，则此功能将非常有用。

有时候，可能会获得空白视图。这通常是因为某些项目与主模型相比非常小，或者某些项目与主模型距离很远。在这些情况下，请在"选择树"中的某个项目上单击鼠标右键，然后单击"关注项目"以查找回到模型的路线，尝试算出"丢失"的项目。

4．动态观察

用于在视图保持固定时围绕轴心点旋转模型的一组导航工具。这些工具在二维工作空间中不可用。

（1）动态观察：围绕模型的焦点移动相机。

（2）自由动态观察：在任意方向上围绕焦点旋转模型。

（3）受约束的动态观察：围绕上方向矢量旋转模型，就好像模型坐在转盘上一样。

使用"动态观察"工具可以更改模型的方向。光标将变为动态观察光标。拖动光标时，模型将绕轴心点旋转，而轴心点是通过"动态观察"工具旋转模型时使用的基点。

5．环视

通过"环视"工具，用户可以垂直和水平地旋转当前视图。旋转视图时，用户的视线会以当前视点位置作中心旋转，就如同转头一样。可以将"环视"工具比作，站在固定位置，向上、向下、向左或向右看。

使用"环视"工具时，可以通过拖动光标来调整模型的视图。拖动光标时，光标将变为"环视"光标，并且模型绕当前视图的位置旋转。除了使用"环视"工具环视模型外，还可以使用该工具将当前视图转场到模型上的特定面。提供以下环视工具：

（1）环视：从当前相机位置环视场景。

（2）观察：观察场景中的某个特定点。移动相机以便与该点对齐。

（3）焦点：处于焦点模式时，单击场景视图中模型上某位置，旋转相机时，会以刚刚单击的点作为视图中心，此点会作为动态观察工具的焦点。

6．漫游

通过"漫游"工具，用户可以像在模型中漫游一样进行观察。若要在模型中漫游，请朝要移动的方向拖动光标。

注意：用于围绕模型移动和控制真实效果设置的一组导航工具。这些工具在二维工作空间中不可用。

（1）漫游：在模型中移动相机，就像在其中漫游一样。要进行漫游移动，需按住鼠标左键沿要漫游的方向拖动鼠标，可实现相机左右旋转，前后移动。要进行滑动，需拖动鼠标时按住 Ctrl 键。要上下倾斜相机，需滚动鼠标滚轮。

（2）飞行：在模型中移动相机，就像在飞行模拟器中一样。按住鼠标左键可向前移动相机。使用键盘上的向上光标键和向下光标键分别放大和缩小相机，使用向左光标键和向右光标键分别向左和向右旋转相机。

移动速度：在模型中漫游或"飞行"时，可以控制移动速度。移动速度由光标移动离开相机的距离和当前的移动速度设置控制。

7. 真实效果

对三维模型进行导航时，可以使用真实效果工具来控制导航的速度和真实效果，如图 3–10 所示。真实效果工具在二维工作空间中不可用。

图 3–10

碰撞提供体量，而重力提供重量。这样，第三人在场景中漫游的同时将被向下拉。"重力"仅可以与漫游导航工具一起使用。例如，第三人可以走下楼梯或随地形而走动。

（1）蹲伏：此功能仅可以与碰撞一起使用。在激活碰撞的情况下围绕模型漫游或飞行时，可能会遇到高度太低而无法在其下漫游的对象，如很低的管道。通过此功能可以蹲伏在这样对象的下面。因此不会妨碍第三人围绕模型导航。

（2）碰撞：此功能将第三人定义为一个碰撞量，即一个可以围绕模型导航并与模型交互的三维对象，服从将第三人限制在模型本身内的某些物理规则。换句话说，第三人有体积，因此，无法穿过场景中的其他对象、点或线。

第三人可以走上或爬上场景中高度达到碰撞量一半的对象，这样的话，第三人可以走上楼梯。碰撞量就其基本形式而言，是一个球体（半径为 r），可以将其拉伸以提供高度（高度

为 h，$h \geqslant 2r$），如图 3-11 所示。

可以为当前视点或作为一个全局选项自定义碰撞量的尺寸。"碰撞"仅可以与漫游和飞行导航工具一起使用。启用碰撞后，渲染优先级会发生变化，这样相机或体现周围的对象与正常情况下相比，显示的细节更多。高细节区域的大小取决于碰撞量半径和移动速度（需要了解将要漫游到什么位置）。

（3）第三人视图：激活第三人后，将能够看到一个体现，该体现是用户自己在三维模型中的表示。在导航时，用户将控制体现与当前场景的交互。

将第三人与碰撞和重力一起使用时，此功能将变得非常强大，使第三人能够精确可视化一个人与所需设计交互的方式。

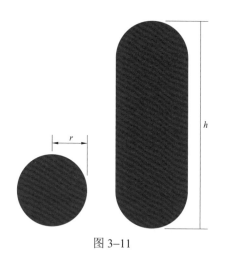

图 3-11

第三人可以为当前视点或作为一个全局选项自定义设置，如体现选择、尺寸和定位。启用第三人视图后，渲染优先级会发生变化，这样相机或体现周围的对象与正常情况下相比，显示的细节更多。高细节区域的大小取决于碰撞量半径、移动速度（需要了解将要漫游到什么位置）和相机在体现之后的距离（了解与体现交互的对象）。

8. 第三人的设置

（1）角速度和线速度。单击视点选项卡下"保存、载入和回放"面板中的编辑当前视点工具，如图 3-12 所示，或者在场景视图中单击右键 > 视点 > 编辑当前视点，进入如图 3-13 所示面板。

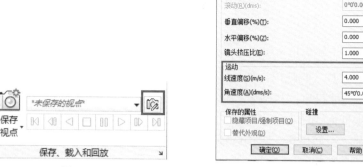

图 3-12   图 3-13

线速度，在三维工作空间中视点沿直线的运动速度，最小值为 0，最大值取决于场景边界框的大小；角速度，在三维工作空间中相机旋转的速度。

（2）碰撞的编辑。进入"编辑视点"对话框中，单击"设置"按钮，如图 3-14 所示。

进入"碰撞"对话框，进行碰撞的编辑。

1）碰撞：选中此复选框可在"漫游"模式和"飞行"模式下将观察者定义为碰撞量。这样，观察者将获取某些体量，但无法在"场景视图"中穿越其他对象、点或线。

图 3-14

提示：选中此复选框将更改渲染优先级，以便与正常情况下相比将使用更高的细节显示观察者周围的对象。高细节区域的大小取决于碰撞体积半径和移动速度。

2）重力：选中此复选框可在"漫游"模式下为观察者提供一些重量。此选项可与"碰撞"一起使用。

3）自动蹲伏：选中此复选框可使观察者能够蹲伏在很低的对象之下，而在"漫游"模式下，因为这些对象过低，所以无法通过。此选项可与"碰撞"一起使用。

4）半径：指定碰撞量的半径。

5）高度：指定碰撞量的高度。

6）视觉偏移：指定在碰撞体积顶部之下的距离，此时相机将关注是否选中"自动缩放"复选框。

7）启用：选中此复选框可使用"第三人"视图。在"第三人"视图中，会在"场景视图"中显示一个体现来表示观察者。选中此复选框将更改渲染优先级，以便与正常情况下相比将使用更高的细节显示体现周围的对象。高细节区域的大小取决于碰撞体积半径、移动速度和相机在体现后面的距离。

8）自动缩放：选中此复选框可在视线被某个项目所遮挡时，自动从"第三人"视图切换到第一人视图。

9）体现：指定在"第三人"视图中使用的体现。

10）角度：指定相机观察体现所处的角度。例如，0°会将相机直接放置到体现的后面；15°会使相机以15°的角度俯视体现。

11）距离：指定相机和体现之间的距离。

第4章 动　画

4.1　视点及编辑

1. 视点的概念

视点是为"场景视图"中显示的模型创建的快照。重要的是，视点并非仅用于保存关于模型的视图的信息。例如，可以使用红线批注和注释对它们进行记录，从而将视点用作设计审阅核查。视点还可以用作"场景视图"中的链接，这样，在视点上单击以及缩放到视点时，Navisworks 还会显示与其相关联的红线批注和注释。

视点、红线批注和注释都保存在 Navisworks 的 nwf 文件中，且与模型无关。因此，更改原始模型文件时，保存的视点保持不变，看起来像是模型基础图层上的覆盖层，可以查看设计的进展情况。

视点包含某个范围的关于模型的视图的不同信息、导航设置以及采用红线批注和注释形式添加的注释。

视点的保存和编辑选项主要在"视点"选项卡下"保存、载入和回放"面板中，如图 4-1 所示。该面板主要包括保存视点、编辑视点、打开保存的视点对话框，以及录制动画和动画播放的按钮。

2. 保存视点

（1）保存视点有两种方法，一种是通过单击选项卡，另一种是通过工具窗口。

1）单击"视点"选项卡 > "保存、载入和回放"面板 > "保存视点"下拉菜单 > "保存视点"，如图 4-2 所示。

图 4-1

图 4-2

2）如果"保存的视点"窗口已经出现，可以直接在"保存的视点"窗口空白区域单击右键进行视点的保存。单击保存视点之后，在"保存的视点"窗口中为视点键入新名称，然后按 Enter 键。

"保存的视点"窗口是一个可固定窗口，如图 4–3 所示，通过该窗口可以创建和管理模型的不同视图，可以跳转到预设视点，而无须每次都通过导航到达项目位置。

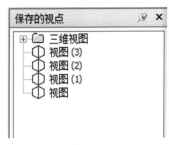

图 4–3

此外，视点动画还与视点一起保存，因为它们只是一个被视为关键帧的视点列表。实际上，可以通过将预设视点拖动到空的视点动画来创建视点动画，可以使用文件夹组织视点和视点动画。图标用于表示不同的元素：

① 🗀 表示可以包含所有其他元素（包括其他文件夹）的文件夹。

② 🗗 表示以正视模式保存的视点。

③ 🗊 表示以透视模式保存的视点。

④ 🗖 表示视点动画剪辑。

⑤ ✂ 表示插入到视点动画剪辑中的剪辑。

3）可以通过以下方法选择多个视点：按住 Ctrl 键并单击鼠标左键，或者单击第一个项目，然后在按住 Shift 键的同时单击最后一个项目。可以在"保存的视点"窗口中拖动视点，将它们重新组织到文件夹或动画中。

该窗口上没有按钮，可以通过在该窗口中单击右键调出关联菜单使用命令。通过这些菜单，可以保存和更新视点、创建和管理视点动画，以及创建文件夹来组织这些视点和视点动画，还可以将视点或视点动画拖放到视点动画或文件夹中，在执行该操作的过程中按住 Ctrl 键将复制所拖动的元素，这样，便可以轻松制作非常复杂的视点动画和文件夹层次结构。

视点、文件夹和视点动画都可以通过缓慢单击（单击并暂停，不移动鼠标再次单击）元素两次或单击元素并按 F2 键进行重命名。

（2）"保存的视点"窗口——关联菜单。根据在"保存的视点"窗口中单击鼠标右键的对象的不同，会得到不同的关联菜单，所有关联菜单都具有"排序"选项，该选项按字母顺序对窗口内容进行排序，包括文件夹及其内容。

1）右键单击空白区域。

① 保存视点：保存当前视点，并将其添加到"保存的视点"窗口。

② 新建文件夹：将文件夹添加到"保存的视点"窗口。

③ 添加动画：添加一个新的空视点动画，可以将视点拖动到该动画上。

④ 添加剪辑：添加动画剪辑。剪辑用作视点动画中的暂停，默认情况下暂停 1s。

⑤ 排序：按字母顺序对"保存的视点"窗口的内容进行排序。

⑥ 导入视点：通过 XML 文件将视点和关联数据导入到 Navisworks 中。

⑦ 导出视点：将视点和关联数据从 Navisworks 导出到 XML 文件。

⑧ 导出视点报告：创建一个 HTML 文件，其中包含所有保存的视点和关联数据（包括相机位置和注释）的 JPEG。

⑨ 帮助：打开"帮助"系统。

2）右键单击保存的视点。

① 添加副本：在"保存的视点"窗口中创建选定视点的副本。该副本命名为选定视点的

名称，但将版本号括在括号中。例如 View1（1）、View1（2）等。

② 添加注释：添加有关选定视点的注释，注释的目的是解释说明当前的选定视点。

③ 编辑注释：可用时，将打开"编辑注释"对话框。

④ 编辑：打开"编辑视点"对话框，可在其中手动编辑视点的属性。

⑤ 更新：使选定视点与"场景视图"中的当前视点相同。

⑥ 变换：打开"变换"对话框。可以在该对话框中变换相机位置，此选项在二维工作空间中不可用。

⑦ 删除：从"保存的视点"窗口中删除选定视点。

⑧ 重命名：用于重命名选定的视点。

⑨ 复制名称：将选定视点的名称复制到剪贴板。

3）右键单击视点动画。

① 编辑：打开"编辑动画"对话框，可在该对话框中设置选定视点动画的持续时间、平滑类型以及是否循环播放。

注意：对动画关键帧单击"编辑"，将打开"编辑视点"对话框；对动画剪辑单击"编辑"，将打开"编辑动画剪辑"对话框。

② 更新：使用当前的渲染样式、光源以及导航工具或模式更新视点动画中的所有关键帧。

注意：对单个关键帧单击"更新"，将仅使用当前模式更新该帧。

③ 删除：从"保存的视点"窗口中删除选定的视点动画。

注意：对关键帧或剪辑单击"删除"，将从视点动画中删除关键帧或剪辑。

4）右键单击文件夹。

① 保存视点：保存当前视点，并将其添加到选定文件夹。

② 新建文件夹：将一个子文件夹添加到选定文件夹。

③ 添加动画：将一个新的空视点动画添加到选定文件夹。

④ 添加副本：在"保存的视点"窗口中创建选定文件夹的副本。该副本命名为选定文件夹的名称，但将版本号括在括号中，例如 Folder1（1）、Folder1（2）等。

⑤ 更新：使用当前的渲染样式、光源以及导航工具或模式更新文件夹中的所有视点。对单个视点选择"更新"，将仅使用当前模式更新该视点。

3. 编辑视点

"编辑视点"对话框：单击"视点"选项卡，打开"编辑视点"对话框，如图 4-4 所示。使用此对话框可编辑视点属性，如图 4-5 所示。

（1）相机。

1）位置：输入 X、Y 和 Z 坐标值可将相机移动到此位置，Z 坐标值在二维工作空间中不可用。

2）观察：输入 X、Y 和 Z 坐标值可更改相机的焦点，Z 坐标值在二维工作空间中不可用。

3）垂直视野、水平视野：定义仅可在三维工作空间中通过相机查看的场景区域。可以调整垂直视角和水平视角的值，值越大，视角的范围越广；值越小，视角的范围越窄，或更紧密聚焦。

注意：修改"垂直视野"时，会自动调整"水平视野"（反之亦然），以便与 Navisworks 中的纵横比相匹配。

图 4-4

图 4-5

4）滚动：围绕相机的前后轴旋转相机。正值将以逆时针方向旋转相机，而负值则以顺时针方向旋转相机。

注意：当视点向上矢量保持正立时（即使用"漫游""动态观察"和"受约束的动态观察"导航工具时），此值不可编辑。

5）垂直偏移：相机位置向对象上方或下方移动距离。例如，如果相机聚焦在水平屋顶边缘，则更改垂直偏移会将其移动到该屋顶边缘的上方或下方。

6）水平偏移：相机位置向对象左侧或右侧（前方或后方）移动的距离。例如，如果相机聚焦在立柱，则更改水平偏移会将其移动到该柱的前方或后方。

7）镜头挤压比：相机的镜头水平压缩图像的比率。大多数相机不会压缩所录制的图像，因此其镜头挤压比为 1。有些相机（如变形相机）会水平压缩图像，在胶片的方形区域上录制具有很大纵横比的图像（宽图）。默认值为 1。

（2）保存的属性：此区域仅适用于保存的视点。如果正在编辑当前视点，则此区域将灰显。

注意：如果选择编辑多个视点，则仅"保存的属性"可用。

1）隐藏项目/强制项目：选中此复选框可将有关模型中对象的隐藏/强制标记信息与视点一起保存，再次使用视点时，会重新应用保存视点时设置的隐藏/强制标记。

注意：将状态信息与每个视点一起保存需要较大的内存量。

2）替代材质：选中此复选框可将材质替代信息与视点一起保存。再次使用视点时，会重新应用保存视点时设置的材质替换。

注意：将状态信息与每个视点一起保存需要较大的内存量。

4.2 动画制作

1. 视点动画

视点动画可以快速而有效地录制相机视图在模型中的移动以及模型视图。

编辑视点动画的步骤：如没有将"保存的视点"窗口显示出来，请显示"保存的视点"窗口（单击"查看"选项卡 > "工作空间"面板 > "窗口"下拉菜单 > "保存的视点"），保存多个视点，如图 4-6 所示。

在空白区域单击右键，单击"添加动画"，如图 4-7 所示。

将"保存的视点"全部选中（快速选择：左键单击选择第一个，按住 Shift 键，左键单击选择最后一个；如果视点较少，也可以按住 Ctrl 键进行加选，减选也是按住 Ctrl 键），全部选择之后，左键单击视点符号（即视图前面的那个六边形竖线符号）进行拖曳（这时鼠标上会出现纸张的符号），将这些视点放置到动画里面，如图 4-8 所示。放置之后是呈现一个父子集的关系。

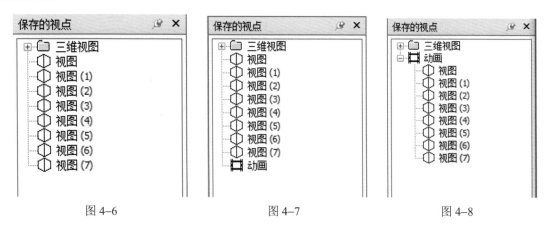

图 4-6　　　　　　　　　图 4-7　　　　　　　　　图 4-8

通过保存的多个视点进行动画的生成，动画是将这几个视点进行串联，生成一个连续的动画，动画的效果与视点的排列顺序是有关系的，通过改变不同的视点位置可以使动画的效果更为丰富。建议用户提前设置好相应的视点位置，避免在视点连接过渡的过程中出现穿墙效果，如果出现穿墙的效果，可以考虑在穿墙的位置再加一个视点过渡。

2. 编辑动画

在"保存的视点"窗口中，在需要修改的视点动画上单击鼠标右键，然后选择"编辑"，在"编辑动画"对话框的"持续时间"文本框中，键入所需的持续时间（以秒为单位），如图 4-9 所示。

如果希望视点动画连续播放，请选中"循环播放"复选框。

在"平滑"下拉列表中，选择希望视点动画使用的平滑类型，"无"表示相机将从一帧移动到下一帧时，不尝试在拐角外进行任何平滑操作，"同步角速度/线速度"将平滑动画中每个帧的速度之间的差异，从而产生比较平稳的动画。

（1）向视点动画添加注释的步骤。在"保存的视点"窗口中，在所需的视点动画上单击鼠标右键，然后单击"添加注释"，在"注释"窗口中，键入注释。默认情况下，为其指定"新建"状态。用户可根据项目不同的状态将注释状态信息进行不同程度的调整。

（2）在视点动画中插入剪辑（暂停）的步骤。在要插入剪辑的动画帧下面，单击鼠标右键，然后选择"添加剪辑"，键入剪辑的动画帧的名称，或者按 Enter 键接受默认名称，默认名称将为"剪切"。剪辑的默认持续时间为 1s。要改变此暂停的持续时间，请在该剪辑上单击鼠标右键，然后选择"编辑"。在"编辑动画剪辑"对话框的"延迟"文本框中，键入该暂停所需的持续时间（以秒为单位），如图 4-10 所示。

图 4-9

图 4-10

单击"确定"，即可完成剪辑的修改，再次播放即可看到在播放的过程中会暂停所设置的延迟时间。如果播放的过程中发现没有暂停的效果，可以在视点动画上单击鼠标右键，然后选择"更新"，即对该动画所进行的操作进行更新，使其在播放动画时显示出来。如果其他的操作完成之后，播放动画时没有出现修改的效果，也可执行此操作。

3. 录制动画

录制动画，可以将在模型中漫游的过程记录下来，或者是对模型进行旋转、平移、缩放的过程进行记录，记录下来的动画效果的还原性是较好的（因为在录制的过程中，软件记录动画的帧数密度非常高，出来的效果就会十分的细腻和流畅），但是也会出现一个问题：如果录制的时间较长，对电脑的配置要求就相对来说更高一些。如果电脑的配置较低，建议录制较短的动画，最后利用其他的动画软件进行合成。因此，录制功能多数情况下，会使用在时间较短且漫游路径拟合精度要求较高的动画中来。

（1）单击"动画"选项卡 >"创建"面板 >"录制"。请注意，此时在"动画"选项卡的最右边将显示"录制"面板，如图 4-11 所示。

图 4-11

（2）在 Navisworks 录制移动的同时，在"场景视图"中进行导航。甚至在导航过程中可以在模型中移动剖面，此移动也会被录制到视点动画中。

（3）在导航过程中的任意时刻，单击"动画"选项卡 >"录制"面板 >"暂停"。此操作将暂停录制，要继续录制视点动画，请再次单击"暂停"。

（4）完成之后，单击"动画"选项卡 > "录制"面板 > "停止"。动画会自动保存在"保存的视点"窗口（单击"视图"选项卡 > "工作空间"面板 > "窗口"下拉菜单 > "保存的视点"）中。此录制动画还将成为"动画"选项卡的"回放"面板上的"可用动画"下拉菜单中的当前活动动画。

4. 动画导出

"导出动画"对话框，使用此对话框可将动画导出为 AVI 文件或图像文件序列，如图 4-12 所示。

（1）源：选择从中导出动画的源。从以下选项选择：

1）当前动画制作工具场景。当前选定的对象动画。

2）TimeLiner 模拟，当前选定的"TimeLiner"序列。

3）当前动画，当前选定的视点动画。

（2）渲染：选择动画渲染器。从以下选项选择：

图 4-12

1）Presenter，当需要最高渲染质量时，使用此选项。

2）视口，快速渲染动画，此选项还适合于预览动画。

3）Autodesk，当需要最高渲染质量的 Autodesk 材质时，请使用此选项。

（3）输出：格式，选择输出格式。从以下选项选择：

1）JPEG：导出静态图像（从动画中的单个帧提取）的序列。使用"选项"按钮可选择"压缩"和"平滑"级别。

2）PNG：导出静态图像（从动画中的单个帧提取）的序列。使用"选项"按钮可选择"隔行扫描"和"压缩"级别。

3）Windows AVI：将动画导出为通常可读的 AVI 文件。使用"选项"按钮可从下拉列表中选择视频压缩程序，并调整输出设置。

注意：如果视频压缩程序在计算机上不可用，则"配置"按钮将不可用。

4）Windows 位图：导出静态图像（从动画中的单个帧提取）的序列。对于此格式，没有"选项"按钮。

（4）选项：使可以配置选定输出格式的选项，不同的格式显示的选项是不一样的，用户可以根据自己需要去配置不同的选项。

（5）类型：使用该下拉列表可指定如何设置已导出动画的尺寸（对于动画，可以使用比静态图像所用低得多的分辨率，例如 640×480）从以下选项选择：

1）显式：使用户可以完全控制宽度和高度（尺寸以像素为单位）。

2）使用纵横比：使用户可以指定高度。宽度是根据当前视图的纵横比自动计算的。

3）使用视图：使用当前视图的宽度和高度。

4）宽：使用户能够输入像素宽度。

5）高：使用户能够输入像素高度。

注意： 对于 Navisworks 视口输出，最大大小为 2048×2048 像素。

（6）每秒帧数：指定每秒的帧数，此设置与 AVI 文件相关。

注意： 每秒帧数越大，动画将越平滑。但使用高值将显著增加渲染时间。通常，使用 10 到 15 每秒帧数就可以接受。

（7）抗锯齿：该选项仅适用于视口渲染器。抗锯齿用于使导出图像的边缘变平滑，从下拉列表中选择相应的值，数值越大，图像越平滑，但是导出所用的时间就越长，4x 适用于大多数情况。

4.3 剖面

1. 剖分的模式

使用 Navisworks，可以在三维工作空间中为当前视点启用剖分，并创建模型的横截面，剖分功能不适用于二维图纸。横截面是三维对象的切除的视图，可用于查看三维对象的内部，如图 4–13 所示。通过单击"视点"选项卡 >"剖分"面板 >"启用剖分"可为当前视点启用和禁用剖分。打开剖分时，"剖分工具"上下文选项卡会自动显示在功能区上。

"剖分工具"选项卡 >"模式"面板中有两种剖分模式："平面"和"长方体（框）"。使用"平面"模式最多可在任何平面中生成六个剖面，同时仍能够在场景中导航，从而使用户无须隐藏任何项目即可查看模型内部。默认情况下，剖面是通过模型可见区域的中心创建的。

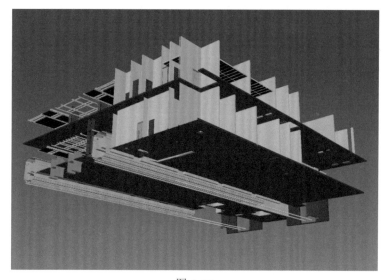

图 4–13

剖面可存储在视点内部，因此它们也可以在视点动画和对象动画内使用以显示动态剖分的模型。

"长方体（框）"模式使用户能够集中审阅模型的特定区域和有限区域，如图 4–14 所示。到处移动框时，在"场景视图"中仅显示已定义剖面框内的几何图形。

2. 平面设置

默认情况下，会将剖面映射到六个主要方向之一，见表 4–1。

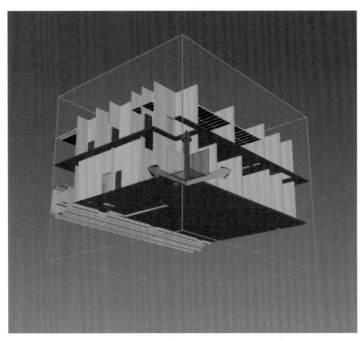

图 4-14

表 4-1

平面编号	平面名称	默认对齐	平面编号	平面名称	默认对齐
1	平面 1	上	4	平面 4	后面
2	平面 2	底部	5	平面 5	左
3	平面 3	前面	6	平面 6	右

可以为当前剖面选择一种不同的对齐。可供选择的对齐有 6 种固定对齐和 3 种自定义对齐：

顶部 ▣：将当前平面与模型的顶部对齐。

底部 ▣：将当前平面与模型的底部对齐。

前面 ▣：将当前平面与模型的前面对齐。

后面 ▣：将当前平面与模型的后面对齐。

左侧 ▣：将当前平面与模型的左侧对齐。

右侧 ▣：将当前平面与模型的右侧对齐。

与视图对齐 ▣：将当前平面与当前视点相机对齐。

与曲面对齐 ▮：使用户可以拾取一个曲面，并在该曲面"上"放置当前平面，其法线与所拾取的三角形的法线对齐。

与线对齐 ▮：使用户可以拾取一条线，并在该线"上"所单击的点处放置当前平面，并进行对齐，以便其法线就在该线上，从而朝向相机。

3. 变换及保存

（1）平面。在"剖分工具"选项卡 > "变换"面板中的剖分小控件可以对剖面进行操作，

74

也可以用数字操作剖面框。可以移动和旋转剖面，但无法缩放剖面。所有小控件会共享相同的位置/旋转。这意味着移动一个小控件会影响其他小控件的位置。一次仅可以操作一个平面（当前平面），但有可能将剖面链接到一起以形成截面。

移动：使用平移小控件平移当前剖面或剖面框。

旋转：使用旋转小控件平移当前剖面或剖面框。

缩放：不与剖面一起使用。

（2）用数字移动剖面的步骤：

① 单击"剖分工具"选项卡 >"模式"面板 >"平面"。

② 单击"平面设置"面板上的"当前平面"下拉菜单，然后选择需要使用的平面，例如平面3。此平面会成为当前平面。

③ 单击"变换"面板▽，然后将数字值键入到"位置"输入框中以按输入的数量移动当前平面。

（3）用数字旋转剖面的步骤：

① 单击"剖分工具"选项卡 >"模式"面板 >"平面"。

② 单击"平面设置"面板上的"当前平面"下拉菜单，然后选择需要使用的平面，例如平面3。此平面会成为当前平面。

③ 单击"变换"面板▽，然后将数字值键入到"旋转"输入框中，以按输入的数量旋转当前平面。

（4）长方体。使用小控件移动剖面框的步骤：

① 单击"剖分工具"选项卡 >"模式"面板 >"框"。

② 在"变换"面板上，单击"移动"。

③ 根据需要拖动小控件或面以移动框。

（5）用数字移动剖面框的步骤：

① 单击"剖分工具"选项卡 >"模式"面板 >"框"。

② 单击"变换"面板▽，然后将数字值键入到"位置"输入框中，以按输入的数量移动框。

（6）使用小控件旋转剖面框的步骤：

① 单击"剖分工具"选项卡 >"模式"面板 >"框"。

② 在"变换"面板上，单击"旋转"。

③ 根据需要拖动小控件以旋转框。

（7）可选：单击"剖分工具"选项卡 >"保存"面板 >"保存视点"以保存当前剖分的视点。

（8）用数字旋转剖面框的步骤：

① 单击"剖分工具"选项卡 >"模式"面板 >"框"。

② 单击"变换"面板▽，然后将数字值键入到"旋转"输入框中，以按输入的数量旋转框。

（9）使用小控件缩放剖面框的步骤：

① 单击"剖分工具"选项卡 >"模式"面板 >"框"。

② 在"变换"面板上，单击"缩放"。

③ 根据需要拖动小控件上的缩放点以调整框的大小。

④ 可选：单击"剖分工具"选项卡＞"保存"面板＞"保存视点"以保存当前剖分的视点。

（10）用数字缩放剖面框的步骤：

① 单击"剖分工具"选项卡＞"模式"面板＞"框"。

② 单击"变换"面板▽，然后将数字值键入到"大小"输入框中，以按输入的数量缩放框。

（11）适应选择。将活动剖面或剖面框移动到在场景视图或选择树中所选项目的边界处。在长方体模式下，如果没有项目被选中，则单击该按钮后，此框将还原为默认的剖面框的大小和位置。例：首先将剖面模式改为"长方体"，可以选择楼梯间的边界墙体，然后单击适应选择，将楼梯间位置剖分出来，如图 4–15 所示。

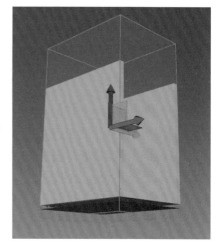

图 4–15

4. 链接剖面

在 Navisworks 中，最多可以使 6 个平面穿过模型，但只有当前平面可以使用剖分小控件进行操作。将剖面链接到一起可以使它们作为一个整体移动，并使用户能够实时、快速切割模型。可以在视点、视点动画和对象动画中使用剖面。

将平面链接到一起的步骤：

（1）单击"剖分工具"选项卡＞"模式"面板＞"平面"。

（2）通过单击"平面设置"面板上的"当前平面"下拉菜单，然后单击所有需要的平面旁边的灯泡图标，启用需要的平面，灯泡被照亮时，会启用相应的剖面并穿过"场景视图"中的模型。

（3）单击"平面设置"面板上的"链接剖面"，现在会将所有启用的平面链接到一个剖面中。

（4）如果"场景视图"中未显示移动小控件，请在"变换"面板上单击"移动"。

（5）拖动小控件以移动当前剖面，现在会一起移动所有剖面，从而有效地在模型中创建一个剖面。

（6）可选：单击"剖分工具"选项卡＞"保存"面板＞"保存视点"以保存当前剖分的视点。

注意：可以单击"动画"选项卡＞"创建"面板＞"录制"，然后创建一个显示分割的模型的视点动画。

第5章 审 阅 批 注

5.1 测量工具

1. 六种测量工具的介绍

在 Navisworks 中载入模型后，如果想要知道各个模型之间的间距，而退回去重新打开其他软件去测量，无疑是一件极为麻烦的事情，而 Navisworks 中有几个简单有效的测量工具供用户使用，那么下面将学习测量工具的相关应用。

首先"测量工具"窗口是一个可固定的窗口，其中包含许多命令按钮，用于选择要执行的测量类型。

（1）打开/关闭"测量工具"窗口的步骤：

单击"审阅"选项卡下"测量"面板内"测量"命令下拉三角，如图 5-1 所示。

可以使用测量面板中的命令进行线性、角度和面积测量，以及自动测量两个选定对象之间的最短距离。

注意：测量时必须单击模型上的某一点以记录点，单击背景不会记录任何内容。通过在"场景视图"中单击鼠标右键，可以随时重置测量命令。这将重新启动测量命令而不记录点，就像选择了一个新的测量类型一样。

在"场景视图"中，标准测量线的端点表示在选项编辑器中可进行更改，所有线都由记录点之间的一条简单线测量，如图 5-2 所示。

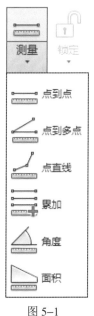

图 5-1

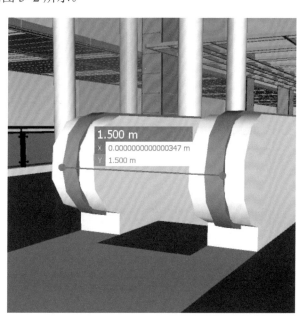

图 5-2

在选项编辑器中可以更改测量线的颜色和线宽以及锚点样式（测量两侧端点），打开/关闭"场景视图"中标注标签的显示，如图5-3所示。

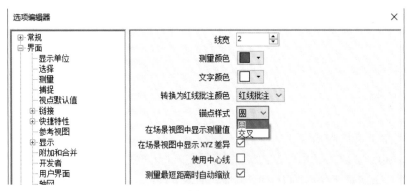

图 5-3

（2）标注标签（测量数值）。对于基于距离的测量，为每个线段绘制标注标签，对于累加测量，为最后一条线段绘制标注标签，但显示总和。相对于线的中心点定位文字。

对于角度测量，在夹角内显示一个弧形指示器，并将文字中心定位在二等分夹角的不可见线上。如果夹角太尖，则在夹角外部绘制标签。此标签是固定的，在放大或缩小时不调整大小，除非测量线在屏幕上变得太短而无法容纳圆弧，这种情况下，将会调整标签。

通过"选项编辑器"，可以启用和禁用标注标签。

对于面积测量，在所测量的面积的中心定位标注标签。

图 5-4

（3）打开/关闭标注标签的步骤：

1）打开"审阅"选项卡，在"测量工具"命令面板中，单击测量面板右侧斜箭头。

2）在"测量工具"窗口中单击"选项"按钮，在"选项编辑器"窗口中，选中"在场景视图中显示测量值"复选框，如图5-4所示。

或者通过单击"菜单栏"，单击"选项"按钮，进入"界面"节点中"测量"，选中"在场景视图中显示测量值"复选框，对其进行修改，如图5-5所示。

图 5-5

78

（4）测量两点之间的距离的步骤：

1）单击"审阅"选项卡中"测量"面板内"测量"下拉菜单里的"点到点"命令。

2）在"场景视图"中单击要测量距离的起点和终点，标注标签将会显示测量的距离，如图 5-6 所示。

（5）在测量两点之间的距离时保持同一起点的步骤：

1）单击"审阅"选项卡中"测量"面板内"测量"下拉菜单里的"点到多点"命令。

2）单击起点和要测量的第一个终点，在两点之间将显示一条测量线。

3）单击以记录要测量的下一个终点。

4）如果需要，请重复此操作以测量其他终点。可选标注标签始终显示上一次测量的距离。起点始终保持不变，如图 5-7 所示。

提示： 如果要更改起点，请在"场景视图"中单击鼠标右键，然后选择一个新起点。

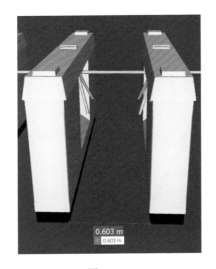

图 5-6

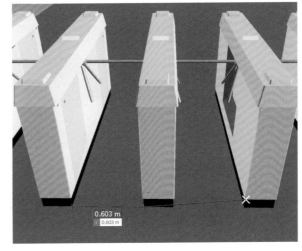

图 5-7

（6）测量沿某条路线的总距离的步骤：

1）单击"审阅"选项卡中"测量"面板内"测量"下拉菜单里的"点直线"命令。

2）单击起点和要测量的第二个点。

3）单击沿该路线的下一个点。

4）重复此操作以测量整条路线。可选标注标签显示沿着选定路线的总距离，如图 5-8 所示（已将线颜色与文字颜色更改）。

提示： 如果要更改起点，请在"场景视图"中单击鼠标右键，然后选择一个新起点。

（7）计算多个点到点测量的总和的步骤：

1）单击"审阅"选项卡中"测量"面板内"测量"下拉菜单里的"累加"命令。

2）单击要测量的第一个距离的起点和终点。

3）单击要测量的下一个距离的起点和终点。

4）如果需要，请重复此操作以测量更多距离。标注标签将会显示所有点到点测量的总和，如图 5-9 所示。

图 5-8

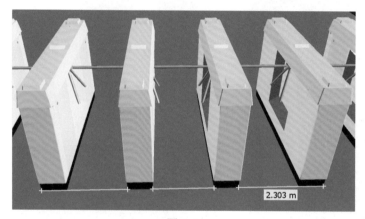

图 5-9

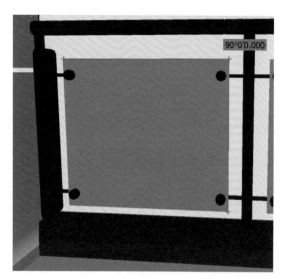

图 5-10

（8）计算两条线之间的夹角的步骤：

1）单击"审阅"选项卡中"测量"面板内"测量"下拉菜单里的"角度"命令。

2）寻找到要测量的模型某处的角度，单击第一点，然后第二点拉出一条直线，再点第三点拉出第二条线。角度数值在两条线交叉处出现，如图 5-10 所示。

（9）计算平面上的面积的步骤：

1）单击"审阅"选项卡中"测量"面板内"测量"下拉菜单里的"区域"面积命令。

2）单击鼠标以记录一系列点，从而绘制要计算的面积的周界，如图 5-11 所示。可选的标注标签将显示自第一点起绘制的周界的面积，如投影到视点平面上那样。

注意：为了使计算更准确，所有添加的点都必须位于同一平面上。

2. 其他命令的介绍

（1）测量两个对象之间的最短距离的步骤：

1）按住 Ctrl 键并使用选择工具在"场景视图"中选择两个对象。

2）单击"审阅"选项卡中"测量"面板内"测量最短距离"命令，标注标签将会显示选定对象之间的最短距离，如图 5-12 所示。

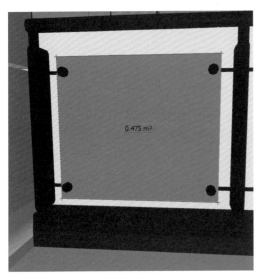

图 5-11

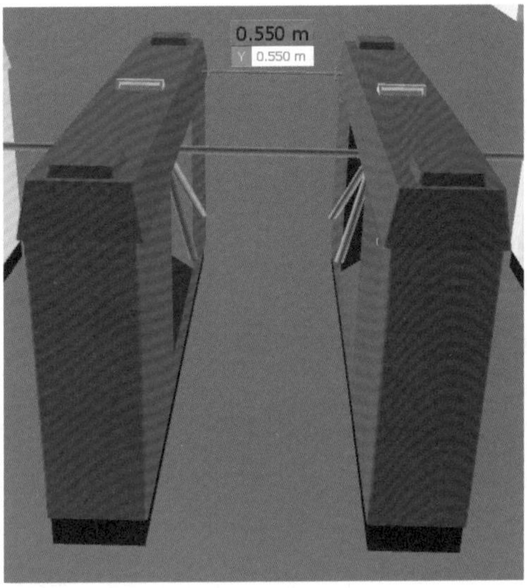

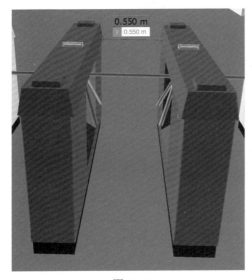

图 5-12

（2）清除测量线的步骤：

1）任意测量工具，创建一个测量线。

2）单击"审阅"选项卡下"测量"面板内"清除"工具命令。如图 5-13 和图 5-14 所示可将之前的测量结果清除掉。

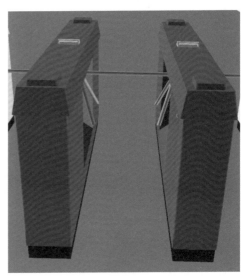

图 5-13

图 5-14

（3）锁定的应用。

使用锁定功能可以保持要测量的方向，防止移动或编辑测量线或测量区域。

测量时，某些对象几何图形可能会妨碍精确测量。锁定可以确保测量的几何图形相对于所创建的第一个测量点保持一致的位置。例如，可以锁定到 X 轴，或在与对象的曲面平行对齐的方向上进行锁定。测量线的颜色会发生更改，以反映所使用的锁定类型。测量多个点时，可以通过按快捷键在不同的锁定模式之间切换。

注意：Z 轴、平行和垂直锁定不适用于二维图纸。使用二维图纸时，只有 X 轴和 Y 轴锁定可用。

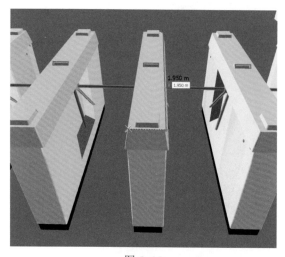

图 5-15

1）X 轴：水平轴，由红色测量线表示（选项编辑器无法更改颜色），测量时红色实线表示测量的轴向正确，虚线则表示轴向错误，无法直线测量到该选定处。使用测量命令时按 X 键可直接使用，如图 5-15 所示。

2）Y 轴：垂直轴，由绿色测量线表示，绿色实线表示测量轴向正确，绿色虚线表示测量轴向错误且无法测量。使用测量命令时按 Y 键可直接使用，如图 5-16 所示。

3）Z 轴：深度，由蓝色测量线表示，蓝色实线表示测量轴向正确，蓝色虚线表示测量轴向错误且无法测量。使用测量命令时按 Z 键可直接使用，如图 5-17 所示。

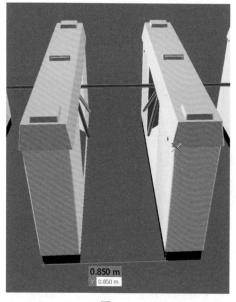

图 5-16

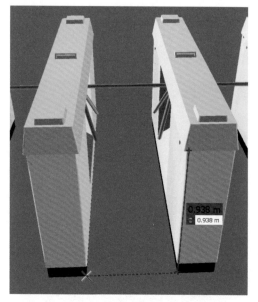

图 5-17

（4）垂直锁定和平行锁定。

1）垂直：与当前所选定的面的垂直方向进行测量。由黄色测量线表示（选项编辑器无法更改颜色）。使用测量命令时按 P 键可直接使用，如图 5-18 所示。

2）平行：与当前所选定面的平行方向进行测量。由品红色的测量线表示。使用测量命令时按 L 键可直接使用，如图 5-19 所示。

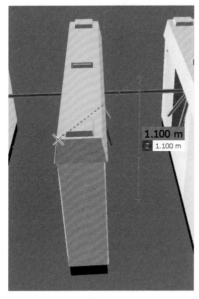

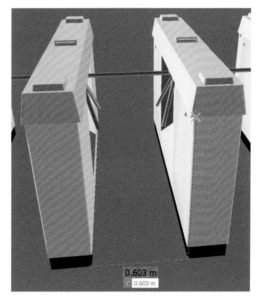

图 5-18   图 5-19

5.2 红线批注

1. 红线批注的概念

通常用过测量工具后，再进行下一个测量命令时会发现之前的测量数值标注消失了，这时可以在用户界面中，使用"转换为红线批注"命令，可以将测量转换为红线批注，这样将其固定在原处，想要看之前的测量数据时，便不必去重新测量了。

同样也可以自行来添加红线批注和标记，使用"红线批注工具"可固定窗口，可以通过"厚度"和"颜色"控件可以修改红线批注设置。而这些更改不影响已绘制的红线批注。此外，线宽仅适用于线；它不影响红线批注文字，红线批注文字具有默认的大小和线宽，是不能进行修改的。

图 5-20

所有的红线批注在添加时会自动新建一个相应的视点以保存批注，如果该处已保存视点，则会自动保存于该视点中，如图 5-20 所示。

2. 红线批注的使用

（1）将测量转换为红线批注。

1）单击"审阅"选项卡中"测量"面板，然后进行需要的测量（例如，两点之间的距离）。

2）单击"审阅"选项卡中"测量"面板内的"转换为红线批注"命令。当前测量的结束标记、线和标注标签（如果有）将转换为红线批注，并存储在当前视点中，如图 5-21 所示。

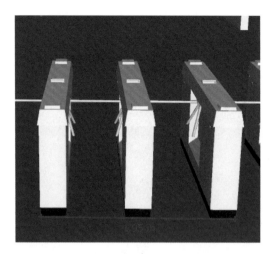

图 5-21

（2）添加文字的步骤：

1）单击"视点"选项卡下"保存、载入和回放"面板内"保存的视点"下拉菜单，然后选择要审阅的视点，如图 5-22 所示。

2）单击"审阅"选项卡下"红线批注"面板内"文本"命令。

3）在"场景视图（模型显示视图）"中，单击要放置文字的位置。

4）在提供的框中输入注释，然后单击"确定"，红线批注将添加到选定的视点，如图 5-23 所示。

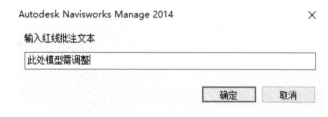

图 5-22   图 5-23

注意： 使用此红线批注工具只能在一行中添加文字。要在多个行上显示文字，请分别写入每行。

5）如果要移动注释，请在红线批注上单击鼠标右键，然后单击"移动"。单击"场景视图"中的其他位置会将文字移到此相应的位置。

6）如果要编辑注释，请在红线批注上单击鼠标右键，然后单击"编辑"，如图 5-24 所示。

（3）绘制云线的步骤：

1）单击"视点"选项卡下"保存、载入和回放"面板内"保存的视点"下拉菜单，然后选择要审阅的视点。

2）单击"审阅"选项卡下"红线批注"面板内"绘图"下拉菜单里单击"云线"。

3）在视点中单击以开始绘制云线的圆弧。每次单击时，都会添加一个新点。按顺时针方向单击可绘制常规弧，按逆时针方向单击可绘制反向弧（此时鼠标不再具备锁定功能）。

4）要自动关闭云线，请单击鼠标右键，如图 5-25 所示。

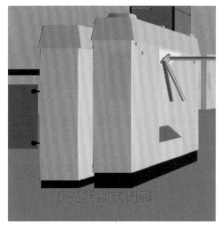

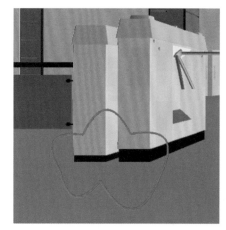

图 5-24   图 5-25

（4）绘制椭圆的步骤：

1）单击"视点"选项卡下"保存、载入和回放"面板内"保存的视点"下拉菜单，然后选择要审阅的视点。

2）单击"审阅"选项卡下"红线批注"面板内"绘图"下拉菜单，然后单击"椭圆"。

3）在视点中单击并拖动一个框以画出椭圆的轮廓。

4）释放鼠标以将椭圆放置在视点中，如图 5-26 所示。

（5）自画线的步骤：

1）单击"视点"选项卡内"保存、载入和回放"面板下"保存的视点"下拉菜单，然后选择要审阅的视点。

2）单击"审阅"选项卡下"红线批注"面板内"绘图"下拉菜单中"自画线"命令。

3）通过拖动鼠标在视点中绘制，如图 5-27 所示。

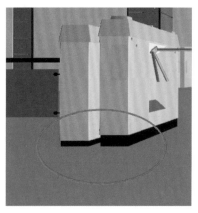
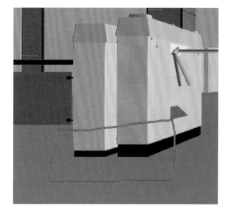

图 5-26   图 5-27

（6）绘制直线的步骤

1）单击"视点"选项卡下"保存、载入和回放"面板内"保存的视点"下拉菜单，然后选择要审阅的视点。

2）单击"审阅"选项卡下"红线批注"面板内"绘图"下拉菜单然后单击"线"。

3）在视点中，单击线的起点和终点，如图 5-28 所示。

（7）绘制线串的步骤：

1）单击"视点"选项卡下"保存、载入和回放"面板内"保存的视点"下拉菜单里选择要审阅的视点。

2）单击"审阅"选项卡下"红线批注"面板内"绘图"下拉菜单，然后单击"线串"。

3）在"场景视图"单击以开始操作。每次单击时，都会向线串添加一个新点。完成线串后，单击鼠标右键结束线，然后可以开始绘制新的线串，如图 5-29 所示。线串和线的区别在于线串是连续绘制的，而直线是一段一段的绘制的，仔细观察可发现上方有开口位置。

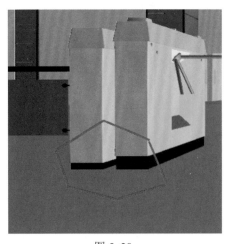
图 5-28

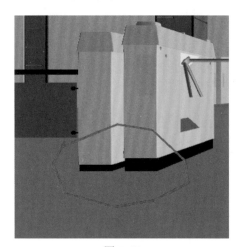
图 5-29

（8）查看红线批注的步骤：

1）单击"视点"选项卡下"保存、载入和回放"面板内"保存的视点"工具面板启动器（面板右下角斜箭头）。

2）单击"保存的视点"窗口中所需的视点。在"场景视图"中将显示所有附加的红线批注（如果有），如图 5-30 所示。

（9）清除红线批注的步骤：

1）单击"视点"选项卡下"保存、载入和回放"面板内"保存的视点"下拉菜单，然后选择要审阅的视点，如图 5-31 所示。

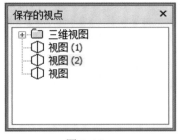
图 5-30

图 5-31

2）单击"审阅"选项卡下"红线批注"面板内的"清除"命令。

3）在要删除的红线批注上拖动一个框，然后释放鼠标，如图 5-32 所示。

（10）改变颜色和线宽的步骤：

1）单击"审阅选项卡"下"红线批注"面板内"颜色"命令，打开颜色选择框选择颜色，或在颜色选择框中单击"更多颜色…"命令，在"颜色"对话框中自定义自己喜欢的颜色，如图 5-33 所示。

2）单击"常用选项卡"下"红线批注"面板内"线宽"命令，在线宽控制栏中输入数值（1～9）控制线宽，如图 5-33 和图 5-34 所示。

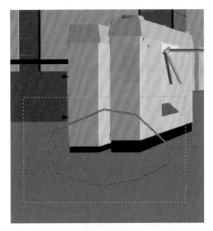

图 5-32

图 5-33

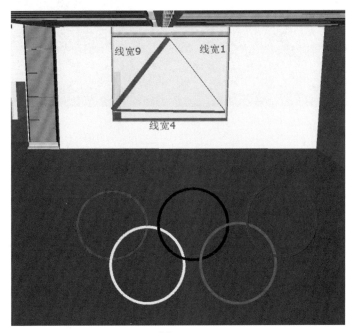

图 5-34

5.3 标记与注释

1. 标记的使用

（1）添加标记。

1）单击"审阅"选项卡下"标记"面板内"添加标记"命令。

2）在"场景视图"中，单击要标记的位置。

3）单击希望标记标签所在的区域，然后在希望引出到的位置单击第二次。此时会添加标记，且两点由引线连接。如果未在当前保存视点，则将自动保存，并且命名为"标记视图X"，其中"X"是标记 ID。

4）在"添加注释"对话框中，输入要与标记关联的文字，从下拉列表中设置标记的"状态"，然后单击"确定"，如图 5-35 和图 5-36 所示。

图 5-35

（2）查看标记。

1）单击"视点"选项卡下"保存、载入和回放"面板内"保存的视点"工具启动器。

2）单击"保存的视点"窗口中所需的视点，在"场景视图"中将显示所有附加的标记（如果有），如图 5-37 所示。

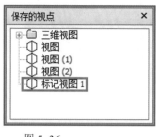

图 5-36

图 5-37

2. 编辑标记

保存标记后，可以从"注释"窗口对其进行编辑。可以编辑内容，更改指定给注释和标记的状态，以及删除注释和标记。

如有必要，还可以对标记和注释 ID 重新编号。可以使用"审阅"选项卡下"红线批注"面板上的"线宽"和"颜色"控件来修改在"场景视图"中绘制标记的方式。而这些更改不影响已绘制的标记。

（1）更改注释或标记的内容和状态的步骤：

1）进入标记视点，单击"查看注释"，进入"注释"窗口中查看要编辑的注释或标记。

2）在注释内容上单击鼠标右键，然后单击"编辑注释"。

3）根据需要修改注释文字。

4）使用"状态"框更改状态。

5）单击"确定"，如图 5-38 所示。

（2）通过使用"查找注释"窗口查找标记的步骤：

1）打开"查找注释"窗口。

2）单击"来源"选项卡，选中"红线批注标记"复选框，并清除其余复选框。

图 5-38

3）如果需要，请使用"注释"和"修改日期"选项卡进一步限制搜索。

4）单击"查找"，如图 5-39 所示。

图 5-39

（3）按标记 ID 查找标记的步骤：

1）单击"审阅"选项卡"标记"面板。

2）在文本框中输入标记 ID，然后单击"转至标记"，将自动转到相应的视点，如图 5–40 所示。

（4）在标记之间导航的步骤：

1）单击"审阅"选项卡下"注释"面板内"查看注释"命令，可打开"注释"窗口。

2）单击"审阅"选项卡下"标记"面板内"第一个标记"。标记注释在"注释"窗口中显示，且"场景视图"显示含有一个标记 ID 的视点。

3）要在场景中的标记之间导航，请执行以下步骤：

单击"审阅"选项卡下"标记"面板内"下一个标记"，查找当前标记后面的标记。

单击"审阅"选项卡下"标记"面板内"上一个标记"，查找当前标记前面的标记。

单击"审阅"选项卡下"标记"面板内"最后一个标记"，查找场景中的最后一个标记，如图 5–41 所示。

图 5–40

图 5–41

第6章 集 合

6.1 选择和搜索

对于大型模型，选择关注项目有可能是一个非常耗时的过程。Navisworks 通过提供快速选择几何图形（既能够以交互方式选择又能够通过手动和自动搜索模型来选择）的各种功能，大大简化了此任务。

Navisworks 中有活动选择集（当前选定项目或当前选择）和保存选择集的概念。选择和查找项目会使它们成为当前选择集的一部分，以便用户可以隐藏它们或替代其颜色。可以随时保存和命名当前选择，以供在以后的任务中进行检索。选择项目会使它们成为当前选择集的一部分，以便用户可以隐藏它们或替代其颜色。可以使用多种以交互方式向当前选择中添加项目的方法。可以使用"选择树"中的选项卡，用"选择"工具和"框选"工具在"场景视图"中直接选择项目，并可以使用选择命令向现有选择中添加具有相似特性的其他项目。

1. 选择对象

（1）"选择树"窗口。"选择树"是一个可固定窗口，其中显示模型结构的各种层次视图，如在创建模型用的应用程序定义的那样，如图 6-1 所示。

Navisworks 使用此层次结构可确定对象特定的路径（从文件名向下，直到特定的对象）。

默认情况有以下四个选项卡：

1）标准：显示默认的树层次结构（包含所有实例），此选项卡的内容可以按字母顺序进行排序。

2）紧凑：显示"标准"选项卡上层次结构的简化版本，省略了各种项目，可以在"选项编辑器"中自定义此树的复杂程度。

3）特性：显示基于项目特性的层次结构，可以按项目特性轻松地手动搜索模型。

图 6-1

4）集合：显示选择集和搜索集的列表。如果未创建选择集和搜索集，则不显示此选项卡。

对项目的命名应尽可能反映原始应用程序中的名称。可以从"选择树"复制并粘贴名称，在"选择树"中的某个项目上单击鼠标右键，再单击关联菜单中的"复制名称"，或者，可以单击"选择树"中的某个项目，然后按 Ctrl+C，即会将该名称复制到剪贴板中。

不同的树图标表示构成模型结构的几何图形的类型，其中的每种项目类型都可以标记为"隐藏"（灰色）"取消隐藏"（暗蓝色）或"必需"（红色）。

注意：如果一个组标记为"隐藏"或"必需"，则该组的所有实例都将标记为"隐藏"或"必需"。如果要对仅出现一次的项目操作，则应该将实例化组（层次结构中的上一级或"父级"）标记为"隐藏"或"必需"。

（2）打开/关闭"选择树"的步骤：单击"常用"选项卡>"选择和搜索"面板>"选择树"。

（3）使用"选择树"选择对象的步骤：

1）打开"选择树"，然后单击"标准"选项卡。

2）单击"选择树"中的对象以选择"场景视图"中对应的几何图形。

注意：选择树中的项目时，根据所选的选取精度，会在"场景视图"中选择单个几何图形或一组几何图形。

3）要同时选择多个项目，请使用 Shift 和 Ctrl 键。使用 Ctrl 键可以逐个选择多个项目，而使用 Shift 键可以选择选定的第一个项目和最后一个项目之间的多个项目。

4）要取消选择"选择树"中的对象，请按 Esc 键。

（4）选择工具。"常用"选项卡>"选择和搜索"面板中提供两个选择工具（"选择"和"框选"），可用于控制选择几何图形的方式。

通常，使用选择工具与使用导航工具是互斥的，因此进行选择时不能进行导航，反之亦然。在"场景视图"中选择几何图形，将在"选择树"中自动选择对应的对象，按住 Shift 键并在"场景视图"中选择项目时，可在选取精度之间切换，从而可以获得特定于所做选择的详细信息。

可以使用"选项编辑器"，自定义为选定项目而必须与其保持的距离（拾取半径），如图 6-2 所示。选择线和点时，这是很有用的。

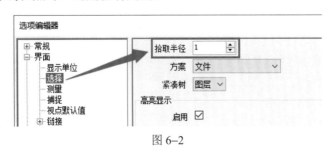

图 6-2

1）使用选择工具可以通过鼠标单击在"场景视图"中选择项目。选择单个项目后，"特性"窗口中就会显示其特性。

2）在选择框模式中，可以选择模型中的多个项目，方法是围绕要进行当前选择的区域拖动矩形框。

（5）选择命令。通过选择命令，可以使用逻辑快速改变当前选择。可以基于当前选定项目的特性选择多个项目，或者快速地反向选择，选择所有项目或什么也不选。

选择命令如下：

1）全选：选择模型内包含的所有项目。

2）取消选定：取消选择模型中的所有项目。

3）反向选择：当前选定的项目变成未选定的项目，而当前未选定的项目变成选定的项目。

选择相同的对象：如图 6-3 所示，可以选择当前选定项目的所有其他实例，可以利用相同的特性去选择，例如材质、Revit 材质、元素等信息，方便对模型进行快速的选择。

1）同名：选择模型中与当前选定的项目具有相同名称的所有项目。

2）同类型：选择模型中与当前选定的项目具有相同类型的所有项目。

3）选择相同的属性：选择具有指定特性的所有项目（其中属性指材质、Revit 材质、Autodesk 材质等属性）。

注意："选择相同的属性"命令是通过比较项目的特性起作用的。如果在执行相同名称或类型等的选择命令时选择了多个项目，则会将当前选择项目的所有类型、名称和特性与场景中所有项目的特性进行比较，将选择其特性与当前选定项目的任何特性匹配的项目。

（6）设置选取精度。在"场景视图"中单击项目时，Navisworks 不知道要从哪个项目级别开始选择，用户指的是整个模型文件、图层（或属于某标高的模型）、实例、组还是仅几何图形（某单个模型的一部分，比如门上的把手）？默认选取精度指定"选择树"中对象路径的起点，以便 Navisworks 可以查找和选择项目。

图 6-3

可以在"常用"选项卡下"选择和搜索"面板上自定义默认选取精度，如图 6-4 所示，或者可以使用"选项编辑器"。也可以使用更快的方法，即在"选择树"中的任何项目上单击鼠标右键，然后单击"将选取精度设置为 X"（"X"是可用的选取精度之一）。

如果发现选择了错误的项目级别，则可以按交互方式在选取精度之间切换，而不必转到"选项编辑器"或"常用"选项卡，可以通过按住 Shift 键并单击项目（或者说是模型）来完成此操作。每次单击项目时这都会选择一个更具体的级别，直到精度为"几何图形"为止，此时它将恢复为"模型"。单击不同的项目会将选取精度恢复为默认值（在"选项编辑器"中设置）。

图 6-4

应注意的是，选取的精度从图层这一级开始往下，选取模型的精度就取决于模型本身建立的精度（复杂程度），例如以实例这一层级选取一根矩形柱和以几何图形这一层级选取一根矩形柱结果都是一样的。

2. 查找项目

查找是一种基于项目的特性向当前选择中添加项目的快速而有效的方法。可以使用"查找项目"窗口设置和运行搜索，然后可以保存该搜索，并在稍后的任务中重新运行它或者与其他用户共享它。也可以使用"快速查找"，这是一种更快的搜索方法。

"查找项目"窗口是一个可固定窗口，通过它可以搜索具有公共特性或特性组合的项目，如图 6-5 所示。左侧窗格包含"查找选择树"，其顶部有几个选项卡，并允许用户选择开始搜索的项目级别；项目级别可以是文件、图层、实例、集合等。这些选项卡与"选择树"窗口上的相同。

注意："集合"选项卡上的项目列表与"集合"窗口中的列表完全相同，如果集合窗口中没有集合，那么也不会出现集合这个选项卡。

在右侧窗格中，可以添加搜索语句（OR 条件）。可以使用按钮在场景中查找符合条件的项目。

图 6-5

（1）定义搜索语句。搜索语句包含特性（类别名称和特性名称的组合）、条件运算符和要针对选定特性测试的值。例如，可以搜索包含"铝"的"材质"，默认情况下，将查找与语句条件匹配的所有项目（例如，使用铝材质的所有对象）。也可以对语句求反，在这种情况下，会改为查找与语句条件不匹配的所有项目（例如，不使用铝材质的所有对象）。

每个类别和特性名称都包含两个部分，用户字符串（显示在 Navisworks 界面中）和内部字符串，默认情况下，按这两部分匹配项目，但是如果需要，可以指示 Navisworks 仅按一部分匹配项目。例如，可以在搜索中忽略用户名，而仅按内部名称匹配项目，这在计划与可能正在运行 Navisworks 本地化版本的其他用户共享已保存的搜索时，会非常有用。不使用默认设置的语句由图标 ✳ 进行标识。

（2）组合搜索语句。搜索语句是从左向右读取的。默认情况下，所有语句都为 AND 关系，例如"A AND B""A AND B AND C"。可以将语句排列到组中，例如"（A AND B）OR （C AND D）"，OR 关系语句由加号图标标识。OR 关系语句前面的所有语句都是 AND 关系，OR 关系语句后面的所有语句也都是 AND 关系，因此，要在前面的示例中创建两个组，则需要将语句 C 标记为 OR 关系。

不存在向用户直观显示读取语句的方法的圆括号。不会曲解简单语句，如"A OR B"。对于复杂搜索，语句的顺序和分组更加重要，尤其是选择对某些语句求反时，例如"（A AND B）OR （C AND NOT D）"，计算搜索条件时，在 AND 之前应用 NOT，在 OR 之前应用 AND。

（3）查找对象的步骤：

1）打开"查找项目"窗口。

2）在"查找选择树"上，单击要从其开始搜索的项目。例如，如果要搜索整个模型，请单击"标准"选项卡，按住 Ctrl 键并单击组成模型的所有文件，如果要将搜索限制为选择集，请单击"集合"选项卡，然后单击所需的集。

3）定义搜索语句：

a. 单击"类别"列，然后从下拉列表中选择特性类别名称，例如"项目"。

b. 在"特性"列中，从下拉列表中选择特性名称，例如"材质"。

c. 在"条件"列中，选择条件运算符，例如"包含"。

d. 在"值"列中，键入要搜索的特性值，例如"铬"。

e. 如果要使搜索语句不区分大小写，请在该语句上单击鼠标右键，然后单击"忽略字符串值大小写”。

（4）根据需要定义更多搜索语句。默认情况下，所有语句都为 AND 关系，这意味着，为了选定项目，它们都需要为真。可以使一个语句使用 OR 逻辑，方法是在该语句上单击鼠标右键，然后单击"OR 条件"，如果使用两个语句，并将第二个语句标记为 OR 关系，这意味着，如果其中一个语句为真，就会选定项目。

（5）单击"查找全部"按钮，搜索结果将在"场景视图"和"选择树"中高亮显示。

（6）保存当前搜索的步骤：

1）单击"常用"选项卡>"选择和搜索"面板>"集合"下拉菜单>"管理集"，此操作将打开"集合"窗口，并使其成为活动窗口。

2）在"集合"窗口中的任意位置单击鼠标右键，然后单击"添加当前搜索"。

3）键入搜索集的名称，然后按 Enter 键。

（7）导出当前搜索的步骤：

1）单击"输出"选项卡>"导出数据"面板>"当前搜索"。

2）在"导出"对话框中，浏览到所需的文件夹。

3）输入文件的名称，然后单击"保存"。

（8）导入已保存的搜索的步骤：

1）单击应用程序按钮>"导入">"搜索 XML"。

2）在"导入"对话框中，浏览到包含具有保存搜索条件的文件的文件夹，然后选择它。

3）单击"打开"。

（9）搜索选项：

1）类别：选择类别名称，下拉列表中只显示场景中包含的类别。

2）特性：选择特性名称，下拉列表中只显示所选类别内场景中的特性。

3）条件：为搜索选择一个条件运算符，根据要搜索的特性，可以使用以下运算符：

a. =（等于）：可用于计算任何类型的特性。要符合搜索条件，特性必须与指定的值完全匹配。

b. 不等于：可用于计算任何类型的特性。

c. >（大于）：只能用于计算数值特性类型。

d. >=（大于或等于）：只能用于计算数值特性类型。

e. <（小于）：只能用于计算数值特性类型。

f. <=（小于或等于）：只能用于计算数值特性类型。

g. 已定义：要符合搜索条件，特性必须定义了某个值。

h. 未定义：要符合搜索条件，特性不得定义任何值。

4）值：可以在此框中随意键入一个值，或者从下拉列表（它显示在前面定义的类别和特性内可用的场景中所有值）中选择一个预定义的值。如果将"通配符"用作条件运算符，则可以键入一个包含通配符的值。要匹配单个未指定的字符，请使用符号"?"（问号）。要匹配任何数目的未指定字符，请使用符号*（星号）。例如，"b???k"将匹配"brick"和"block"；"b*k"将匹配"bench kiosk""brick"和"block"；而"*b*k*"将匹配"bench kiosk""brick"和"block"以及"Coarse bricks"和"block 2"。如果将"已定义"或"未定义"用作条件运算符，则此框不可用。

（10）搜索：指定要运行的搜索类型，从以下选项选择：

1）默认：在"查找选择树"中选定的所有项目以及这些项目下的路径中搜索符合条件的对象。

2）已选路径下面：仅在"查找选择树"中选定项目之下搜索符合条件的对象。

3）仅已选路径。仅在"查找选择树"中选定的项目内搜索符合条件的项目。

（11）"搜索条件"快捷菜单，如图 6-6 所示。

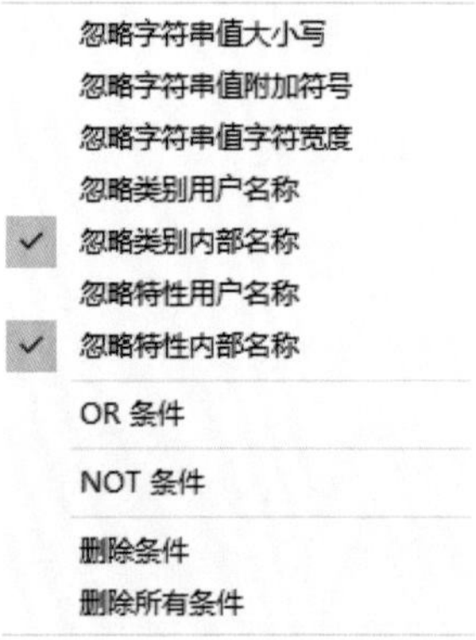

图 6-6

1）忽略字符串值大小写：使选定的搜索语句不区分大小写（例如"Chrome"和"chrome"材质都被视为符合条件）。

2）忽略类别用户名称：指示 Navisworks 使用内部类别名称，而忽略选定搜索语句的用户类别名称。

3）忽略类别内部名称：指示 Navisworks 使用用户类别名称，而忽略选定搜索语句的内部类别名称。

4）忽略特性用户名称：指示 Navisworks 使用内部特性名称，而忽略选定搜索语句的用户特性名称。

5）忽略特性内部名称：指示 Navisworks 使用用户特性名称，而忽略选定搜索语句的内部类别名称。

6）OR 条件：为选定的搜索语句选择 OR 条件。

7）NOT 条件：对选定的搜索语句求反，以便找出与语句条件不匹配的所有项目。

8）删除条件：删除选定的搜索语句。

9）删除所有条件：删除所有搜索语句。

（12）快速查找。使用"快速查找"功能，可以快速查找和选择对象。快速查找项目的步骤：

1）单击"常用"选项卡>"选择和搜索"面板。

2）在"快速查找"文本框中，键入要在所有项目特性中搜索的字符串，这可以是一个词或几个词，搜索不区分大小写。

3）单击"快速查找"，Navisworks 将在"选择树"中查找并选择与输入的文字匹配的第一个项目，并在"场景视图"中选中它，然后停止搜索。

4）要查找更多项目，请再次单击"快速查找"，如果有多个项目与输入的文字相匹配，则 Navisworks 将在"选择树"中选择下一个项目，并在"场景视图"中选中它，然后停止搜索，后续的单击将找到接下来的实例。

3. 创建和使用对象集

在 Navisworks 中，可以创建并使用类似对象集，这样可以更轻松地查看和分析模型。

（1）选择集：选择集是静态的项目组，用于保存需要对其定期执行某项操作（如隐藏对象、更改透明度等）的一组对象。选择集仅存储一组项目以便稍后进行检索，不存在智能功能来支持此集，如果模型完全发生更改，再次调用选择集时仍会选择相同项目（如果它们在模型中仍可用）。

（2）搜索集：搜索集是动态的项目组，它们与选择集的工作方式类似，只是它们保存搜索条件而不是选择结果，因此可以在以后当模型更改时再次运行搜索，搜索集的功能更为强大，并且可以节省时间，尤其是 CAD 文件不断更新和修订的情况。还可以导出搜索集，并与其他用户共享。

"集合"窗口是一个可固定窗口，其中显示 Navisworks 文件中可用的选择集和搜索集，如图 6-7 所示。

选择集由图标●进行标识；搜索集由图标▶进行标识。

注意："集合"窗口上的项目列表与"选择树"的"集合"选项卡上的列表完全相同。

可以自定义选择集和搜索集的名称，并添加注释。可以从"集合"窗口复制并粘贴名称，在"集合"窗口中的某个项目上单击鼠标右键，然后单击关联菜单中的"复制名称"。或者，可

图 6-7

以单击"集合"窗口中的某个项目，然后按 Ctrl+C，将该名称复制到剪贴板中。

还可以将选择集和搜索集显示为"场景视图"中的链接，这些链接是 Navisworks 自动创建的。单击链接可将对应选择集或搜索集中的几何图形恢复为活动选择，并在"场景视图"中和"选择树"上将其高亮显示。可以使用"集合"快捷菜单在 Navisworks 文件中创建并管理选择集和搜索集。

（3）在"集合"窗口中更改排序顺序的步骤：

1）打开"集合"窗口。

2）在列表中的任何项目上单击鼠标右键，然后单击"排序"。选项卡的内容现在将按字母顺序排序。

（4）"集合"快捷菜单包含以下选项：

1）新建文件夹：在选定项目的上方创建文件夹。

2）添加当前选择：将当前选择在列表中另存为新选择集，此集包含当前选定的所有几何图形。

3）添加当前搜索：将当前搜索在列表中另存为搜索集，此集包含当前的搜索条件。

4）使可见：如果选定搜索集或选择集中的几何图形处于隐藏状态，则可以使用此选项使其可见。

5）添加副本：创建在列表中高亮显示的搜索集或选择集的副本，副本与原始集同名，但具有"X"后缀，其中"X"是下一个可用编号。

6）添加注释：为选定的项目打开"添加注释"对话框。

7）编辑注释：为选定的项目打开"编辑注释"对话框。

8）更新：用当前的搜索条件更新选定的搜索集，或者用当前选定的几何图形更新选定的选择集。

9）删除：删除选定的搜索集或选择集。

10）重命名：重命名选定的搜索集或选择集。默认情况下，将新选择集命名为"选择集 1"，将搜索集命名为"搜索集 1"，其中"X"是添加到列表的下一个可用编号。

11）复制名称：将搜索集的名称复制到剪贴板。

12）排序：按字母顺序对"集合"窗口的内容排序。

13）帮助：启动联机帮助系统并显示选择集和搜索集的主题。

（5）创建并管理选择集和搜索集。可以添加、移动和删除选择集和搜索集，以及将它们

组织到文件夹中，可以更新搜索集和选择集。可以在"场景视图"中修改当前选择，也可以修改当前搜索条件，并更改集的内容以反映此修改，还可以导出搜索集并重用，例如，如果模型包含相同的组件（如楼板、送风风管等），则可以定义常规搜索集，并将它们导出为 XML 文件，然后与其他用户共享。

（6）保存选择集的步骤：

1）选择要在"场景视图"中或"选择树"上保存的所有项目。

2）单击"常用"选项卡>"选择和搜索"面板>"保存选择"。

3）在"集合"窗口中键入选择集的名称，然后按 ENTER 键。

（7）保存搜索集的步骤：

1）打开"查找项目"窗口，并设置所需的搜索条件。

2）单击"查找全部"按钮以运行搜索，再在"场景视图"和"选择树"中将选定满足条件的所有项目。

3）打开"集合"窗口，单击鼠标右键，然后单击"添加当前搜索"。

4）键入搜索集的名称，然后按 Enter 键。

（8）更新选择集的步骤：

1）在"场景视图"中或"选择树"上选择所需的几何图形。

2）打开"集合"窗口。

3）在要修改的选择集上单击鼠标右键，然后单击"更新"。

（9）更新搜索集的步骤：

1）打开"查找项目"窗口，然后运行新搜索。

2）打开"集合"窗口。

3）在要修改的搜索集上单击鼠标右键，然后单击"更新"。

6.2　外观配置器

通过"外观配置器"（Appearance Profiler）可以基于集合（搜索集和选择集）及特性值设置自定义外观配置文件，然后使用这些配置文件对模型中的对象进行颜色编码，以区分系统类型并直观识别其状态。外观配置文件可以另存为 DAT 文件，并可以在 Navisworks 用户之间共享。

外观配置文件选择器用于定义对象选择标准和外观设置，可以基于特性值或者 Navisworks 文件中的搜索集和选择集来选择对象，如图 6-8 所示。

使用特性值会更灵活一些，因为搜索集和选择集需要先添加到模型中，且经常设计为涵盖模型的某个特定区域（标高、楼层、区域等等）。例如，如果模型具有五个楼层，要通过集合找到所有"冷水"对象，需要设置五个"冷水"选择器，每个楼层对应一个选择器。如果使用基于特性的方法，则一个"冷水"选择器就足够，因为搜索会包含该模型的所有方面。

外观配置文件可拥有的选择器数量没有任何限制。但是选择器在配置文件中的顺序非常重要，外观选择器将按从上至下的顺序依次应用于模型。如果某对象属于多个选择器，则每次列表中的新选择器处理该对象时，都会替代该对象的外观，目前，选择器一旦添加到列表中，就无法更改其顺序。

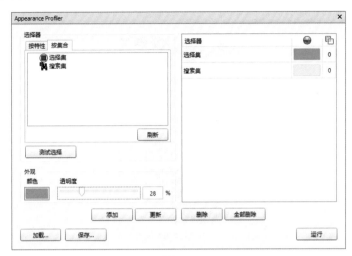

图 6-8

1. 打开外观配置器的步骤

单击"常用"选项卡>"工具"面板>"外观配置器" 。

2. 按特性值对模型进行颜色编码。

（1）打开"外观配置文件"对话框。

（2）在"选择器"区域中单击"按特性"选项卡。

（3）使用所提供的字段为选择器配置对象选择标准。

（4）单击"测试选择"，所有符合标准的对象都将在"场景视图"中处于选定状态。

（5）如果用户对结果满意，请使用"外观"区域为选择器配置颜色和透明度替代。

（6）单击"添加"，该选择器将添加到"选择器"列表中。

（7）重复执行步骤 3～6，直到添加完所有必需的选择器。请记住，列表中的选择器顺序十分重要。

提示： 如果使用第一个选择器来替代整个模型的颜色，使其以 80% 的透明度灰显，则其他颜色替代将更加醒目。

单击"运行"，模型中的对象此时已完成颜色编码。

3. 按搜索集和选择集对模型进行颜色编码

（1）打开"外观配置文件"对话框。

（2）在"选择器"区域中单击"按集合"选项卡。

（3）在列表中选择要使用的集合，然后单击"测试选择"，所有符合标准的对象都将在"场景视图"中处于选定状态。

（4）如果用户对结果满意，请使用"外观"区域为选择器配置颜色和透明度替代。

（5）单击"添加"，该选择器将添加到"选择器"列表中。

（6）重复执行步骤 3～5，直到添加完所有必需的选择器，请记住，列表中的选择器顺序十分重要。

（7）单击"运行"，模型中的对象此时已完成颜色编码。

4. 将颜色替代重置回原始值的步骤

单击"常用"选项卡>"项目"面板>"全部重置"下拉菜单>"外观",如图 6-9 所示。

图 6-9

第7章 碰 撞 检 测

7.1 任务列表

使用"Clash Detective"可以设置碰撞检测的规则和选项，查看结果，对结果进行排序以及生成碰撞报告。

"测试"可展开面板用于管理碰撞检测和结果，可通过从所有"Clash Detective"选项卡中单击展开按钮来显示。其中显示当前以表格格式设置并列出的所有碰撞检测，以及有关所有碰撞检测状态的摘要，如图 7-1 所示。

图 7-1

注意：如果未定义测试，则在"Clash Detective"窗口的顶部会显示"添加检测" 和"导入碰撞检测" 按钮。

在"测试"面板中单击测试后，该测试的相关详细信息将显示在不同的"Clash Detective"选项卡中。可以使用该选项卡右侧和底部的滚动条浏览碰撞检测。

注意：当前选定碰撞检测的摘要始终显示在"Clash Detective"窗口的顶部，其中显示检测中的碰撞总数，以及已打开（"新建""活动的""已审阅"）和已关闭（"已核准""已解决"）碰撞的详细信息。如果碰撞检测在经过设置后通过某种方式进行了更改（这可能包括更改选项，或者载入了最新版本的模型），这意味着结果可能不反映最新的模型或设置，则系统会显示警告⚠，如图7-2所示。在此图标上单击鼠标右键，可以重新运行测试。

图 7-2

　　还可以更改碰撞检测的排序顺序。要执行此操作，请单击所需列的标题（即名称这一标题）。这将在升序和降序之间切换排序顺序（也可通过在列标题上单击右键，选择按升序排列还是按降序排列）。

　　1. 按钮

　　可以使用"测试"面板中的按钮来设置和管理碰撞检测，如图7-3所示。

图 7-3

　　（1）添加检测：添加新碰撞检测。

　　（2）全部删除：删除所有碰撞检测。

　　（3）全部精简：删除所有测试中所有已解决的碰撞。

　　（4）全部重置：将所有测试的状态重置为"新"。

　　（5）全部更新：更新所有碰撞检测。

　　（6）导入/导出碰撞检测：可以导入或导出碰撞检测，此处为导出碰撞检测的相关设置，即之前添加的测试信息。

　　2. 关联菜单

　　在任务检测栏上单击鼠标右键可打开一个关联菜单，从中可以管理当前选定的碰撞测试，如图7-4所示。如果单击"测试"面板的空白区域，则关联菜单将显示面板上与按钮相同的命令选项。

图 7-4

（1）运行：运行碰撞检测。

（2）重置：将测试的状态重置为"新"。

（3）精简：删除当前测试中所有已解决的碰撞。

（4）重命名：可以对当前测试进行重命名。

（5）删除：删除选中的碰撞检测。

7.2 规则选项卡

"规则"选项卡用于定义要应用于碰撞检测的忽略规则。该选项卡列出了当前可用的所有规则，如图 7-5 所示。这些规则可用于使"Clash Detective"在碰撞检测期间忽略某个几何图形。可以编辑每个默认规则，并可以根据需要添加新规则，如图 7-6 和图 7-7 所示。

图 7-5

图 7-6

图 7–7

添加一个忽略建筑和结构碰撞的规则：

（1）首先，先观察一下可以通过哪个规则模板来实现想要的功能，可以利用系统提供的"指定的选择集"这一模板，来实现想要忽略的碰撞。

（2）回到项目中，为建筑模型和结构模型分别制作一个选择集，如图 7–8 所示。

（3）单击新建，选择"指定选择集"这一模板，如图 7–9 所示。

图 7–8

图 7–9

（4）单击规则描述中第一个设置，进入到规则编辑器的子目录中选择之前创建的建筑模型集合，如图 7–10 所示。同理单击第二个设置，选择结构模型集合，如图 7–11 所示，完成对规则的编辑。

（5）创建完成新的规则之后，将新建的规则前面的复选框勾选上，如图 7–12 所示，等下运行测试的时候，该规则就可以显示作用，建筑模型和结构模型之间的碰撞就不会被检测出来。

图 7-10

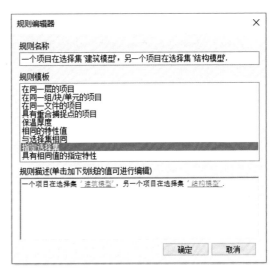

图 7-11

图 7-12

7.3 选择选项卡

通过"选择"选项卡,可以通过一次仅检测项目集而不是针对整个模型本身进行检测来定义碰撞检测,使用它可以为当前在"测试"面板中选定的碰撞配置参数,如图 7-13 所示。

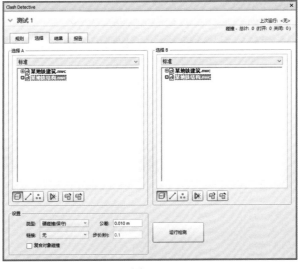

图 7-13

注意： 碰撞检测中不包含隐藏项目。

提示： 若要运行所有测试，请使用"测试"面板上的"全部更新"按钮。（需注意在单击全部更新之前确保已选择相应的模型图元）

1. "选择 A"和"选择 B"窗格

这两个窗格包含将在碰撞检测中以相互参照的方式进行测试的两个项目集的树视图，需要在每个窗格中选择项目。

每个窗格的顶部都有一个下拉列表，该列表复制了"选择树"窗口的当前状态，可以使用它们选择用于碰撞检测的项目：

（1）标准：显示默认的树层次结构（包含所有实例）。

（2）紧凑：树层次结构的简化版本。

（3）特性：基于项目特性的层次结构。

（4）集合：显示与"集合"窗口上相同的项目。

如果使用选择集和搜索集，则可以更快、更有效和更轻松地重复碰撞检测。请仔细考虑需要相互碰撞的对象集并相应地创建选择集/搜索集，创建合理好用的选择集/搜索集可以有效地帮助用户提高工作效率。

2. 按钮

几何图形类型按钮：碰撞检测可以包含选定项目的曲面、线和点的碰撞，如图 7-14 所示。

图 7-14

（1）曲面：使项目曲面碰撞，这是默认选项。

（2）线：使包含线的几何图形（管道）碰撞。

（3）点：使包含点的几何图形（点云模型）碰撞。

（4）自相交：如果除了针对另一个窗格中的几何图形选择测试该窗格中的几何图形选择外，还针对该窗格中的几何图形选择自身来进行测试，请单击该按钮。

（5）使用当前选择：可以直接在"场景视图"和"选择树"可固定窗口中为碰撞检测选择几何图形。选择所需项目（按住 Ctrl 键并选择多个对象）后，单击所需窗格下的"使用当前选择"按钮创建相应的碰撞集。

（6）在场景中选择：单击"在场景中选择"按钮可将"场景视图"和"选择树"可固定窗口中的焦点设置为与"选择"选项卡上"选择"窗格中的当前选择相同。

3. 设置

（1）类型。选择碰撞类型。有四个可能的碰撞类型，如图 7-15 所示。

1）硬碰撞：两个对象实际相交。

图 7-15

2）硬碰撞（保守）：此选项执行与"硬"碰撞相同的碰撞检测，但是它还应用了"保守"相交策略［相交策略：标准的"硬"碰撞检测类型应用"普通"相交策略，会设置碰撞检测以检查在定义要检测的两个项目的任何三角形之间是否相交（请记住，所有 Navisworks 几何图形均由三角形构成）。这可能会错过没有三角形相交的项目之间的碰撞。例如，两个完全平行且在其末端彼此轻微重叠的管道。管道相交，而定义其几何图形的三角形都不相交，因此，在使用标准"硬"碰撞检测类型时会错过此碰撞。但是，选择"硬（保守）"会报告所有项目时，这些项目对可能会碰撞。这可能会使结果出现误报，但它是一种更加彻底、更加安全的碰撞检查方法］。

3）间隙碰撞：当两个对象相互间的距离不超过指定距离时，将它们视为相交。选择该碰撞类型还会检测任何硬碰撞。例如，当管道周围需要有隔离空间时，可以使用此类碰撞。

4）重复项：两个对象的类型和位置必须完全相同才能相交。此类碰撞检测可用于使整个模型针对其自身碰撞。可以检测到场景中可能错误复制的任何项目。

（2）公差。控制所报告碰撞的严重性以及过滤掉可忽略碰撞的能力（可假设就地解决这些碰撞问题）。输入的公差大小会自动转换为显示单位，例如，显示单位为米，键入"6英寸"，则会自动将其转换为 0.152m，如图 7-16 所示（注意，此处单位显示与"选项"中显示单位设置有关）。

图 7-16

（3）链接。用于将碰撞检测与"TimeLiner"进度或对象动画场景联系起来。

（4）步长。用于控制在模拟序列中查找碰撞时使用的"时间间隔大小"。只有在"链接"下拉菜单中进行选择后，此选项才可用。

（5）复合对象碰撞。该复选框将限制选择集中的所有"复合对象"类别图元参与冲突检测运算，用于控制选择集的选择精度。（复合对象：例如 Revit 中的对墙体层次拆分零件之后，将拆分的零件级别导入到 Navisworks 中可以对零件级别的层次进行碰撞检测）

7.4 结果选项卡

通过"结果"选项卡，用户能够以交互方式查看已找到的碰撞。它包含碰撞列表和一些用于管理碰撞的控件，可以将碰撞组合到文件夹和子文件夹中，从而使管理大量碰撞或相关碰撞的工作变得更为简单，如图 7-17 所示。

（1）结果区域。已发现的碰撞显示在多列表中。默认情况下，碰撞按严重性编号和排序。使用竖直滚动条滚动碰撞时，将显示碰撞的摘要预览，可以更轻松地定位碰撞（如有必要，可以对列进行排序以及调整其大小）。

具有已保存视点的碰撞将显示有📷图标。双击📷图标可以显示视点缩略图。

（2）碰撞图标。图标显示在每个碰撞名称的左侧，它以可视方式标识碰撞状态，如下所示：

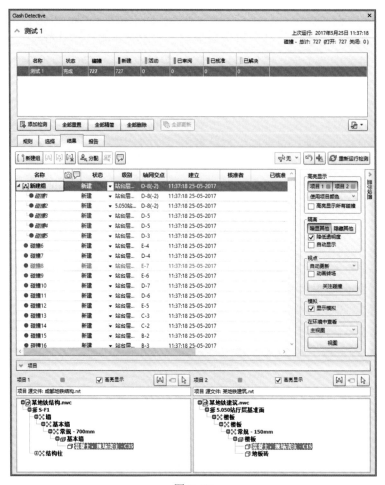

图 7–17

① ●–新建的

② ◐–活动的

③ ●–已审阅

④ ●–已核准

⑤ ○–已解决

注意：组由 <img> 图标标识。可以单击碰撞组旁边的箭头，以在显示和隐藏组中包含的碰撞之间切换。

（3）碰撞状态。每个碰撞都有一个与其关联的状态。每次运行同一个测试时，"Clash Detective"都会自动更新该状态；用户也可以自己更新状态。

新建的：当前测试运行首次找到的碰撞。

活动的：以前的测试运行找到但尚未解决的碰撞问题。

已审阅：以前找到且已由某人标记为已审阅的碰撞。

已核准：以前发现并且已由某人核准的碰撞。如果状态手动更改为"已核准"，则将当前登录的用户记录为批准者，并将当前系统时间用作批准时间。如果再次运行测试并发现相同碰撞，其状态将保留为"已核准"。

已解决：以前的测试运行而非当前测试运行找到的碰撞。因此，假定问题已通过对设计文件进行更改而得到解决，并自动更新为此状态。如果将状态手动更改为"已解决"，并且新测试发现相同的碰撞，则它的状态将恢复为"新"。

（4）"结果"区域按钮。

新建组 ⌐⌐：创建一个新的空碰撞组。默认情况下，它名为"新碰撞组(x)"，其中"x"是最新的可用编号。

组 ⌗：将所有选定碰撞组合在一起。将添加一个新文件夹。默认情况下，该组的名称为"新碰撞组（x）"，其中"x"是最新的可用编号。

从组中删除 ⌗：从碰撞组中删除选定的碰撞。

分解一个组 ⌗：对选定的碰撞结果组进行解组。

分配 ⌗：打开"分配碰撞"对话框。

取消分配 ⌗：取消分配选定碰撞组。

添加注释 ⌗：向选定组中添加注释。

按选择过滤 ⌗无▾：仅显示涉及当前在"结果"选项卡的"场景视图"或"选择树"中所选项目的碰撞。

① 无：禁用"按选择过滤"。

② 排除：仅涉及当前选定的所有项目的碰撞会显示在"结果"选项卡中。

③ 包含：至少涉及当前选定的一个项目的碰撞会显示在"结果"选项卡中。

注意：如果碰撞组不包含涉及选定项目的任何碰撞，则会在视图中隐藏整个组及其内容。空组文件夹始终保持可见。如果某个组包含涉及选定项目的任何碰撞，则该组（及其包含的所有碰撞）将保持可见。该组中未直接涉及选定项目的个别碰撞将以斜体显示。

重置 ⌗：清除测试结果，而保持所有其他设置不变。

精简 ⌗：从当前测试中删除所有已解决的碰撞，组中已解决的碰撞将被删除，但只有组中包含的所有碰撞都已解决时才会删除组本身。

重新运行测试 ⌗：重新运行测试并更新结果。

（5）关联菜单。在"结果"选项卡中的碰撞上单击鼠标右键可打开以下关联菜单，如图 7-18 所示。

1）复制名称：复制聚焦单元的值。

2）粘贴名称：将复制的值粘贴到聚焦单元。对于只读单元，此选项处于禁用状态。

3）重命名：对选定碰撞进行重命名。

4）分配：打开"分配碰撞"对话框。

5）取消分配：取消分配选定碰撞。

6）添加注释：向选定碰撞中添加注释。

7）组：将所有选定碰撞组合在一起，将添加一个新文件夹。默认情况下，它名为新碰撞组（x），其中 x 是最新的可用编号。

8）快速过滤依据：过滤结果轴网以仅显示符合选定条件的碰撞。

9）按近似度排序：按与选定碰撞的近似度对碰撞结果排序。碰撞组按最接近选定碰撞的组成员排序。

10）重置列：将列顺序重置为默认顺序。

图 7-18

图 7-19

（6）"显示设置"可展开面板。使用"显示/隐藏"按钮显示或隐藏"显示设置"可展开面板。使用下列选项可以有效查看碰撞，如图 7-19 所示。

1）高亮显示。

"项目 1" /"项目 2"按钮：单击"项目 1"和/或"项目 2"按钮，可以替代"场景视图"中项目的颜色。用户可以选择使用选定碰撞的状态颜色，也可以选择"选项编辑器"中设置的项目颜色。转至"选项编辑器" > "自定义高亮显示颜色"，然后选择项目颜色。

使用项目颜色/使用状态颜色：使用特定的项目颜色或选定碰撞的状态颜色高亮显示碰撞。若要更改这些颜色，请转到"选项编辑器" > "工具" > "Clash Detective" > "自定义高亮显示颜色"。

高亮显示所有碰撞：如果选中该复选框，则会在"场景视图"中高亮显示找到的所有碰撞。

注意：显示的碰撞取决于选择的是"项目 1"还是"项目 2"按钮；如果仅选择了"项目 1"按钮，则将仅显示碰撞中涉及的"项目 1"的项目，如果同时选择了这两个按钮，则将显示所有碰撞。

2）隔离。

"隔离"下拉列表：选择"暗显其他"可使选定碰撞或选定碰撞组中未涉及的所有项目变灰。这使用户能够更轻松地看到碰撞项目。选择"隐藏其他"可隐藏除选定碰撞或选定碰撞组中涉及的所有项目之外的所有其他项目。这样，用户就可以更好地关注碰撞项目。

降低透明度：只有从"隔离"下拉列表中选择"暗显其他"时，该复选框才可用。如果选中该复选框，则将碰撞中未涉及的所有项目渲染为透明以及灰色。可以使用"选项编辑器"自定义降低透明度的级别，以及选择将碰撞中未涉及的项目显示为线框。默认情况下，使用

110

85%透明度。

自动显示：对于单个碰撞，如果选中该复选框，则会暂时隐藏遮挡碰撞项目的任何内容，以便在放大选定的碰撞时无须移动位置即可看到它。对于碰撞组，如果选中该复选框，则将在"场景视图"中自动显示该组中最严重的碰撞点。

3）视点。

"视点"下拉列表：

自动更新：在"场景视图"中从碰撞的默认视点导航至其他位置，会将该碰撞的视点更新为新的位置，且会在"结果"网格中创建新的视点缩略图。使用此选项可使 Navisworks 自动选择适当的视点或加载保存的视点，并保存进行的任何后续更改。

注意：选择"关注碰撞"将始终返回到碰撞原始的默认视点。

自动加载：自动缩放相机，以显示选定碰撞或选定碰撞组中涉及的所有项目。如果希望 Navisworks 自动加载保存的视点，但不希望自动保存视点更改，请使用此选项。例如，可以使用视点关联菜单保存视点。

手动：在"结果"网格中选择碰撞后，模型视图不会移动到碰撞视点。如果使用此选项，则在逐个浏览碰撞时，主视点将保持不变。例如，可以使用视点关联菜单加载视点。

动画转场：如果选择此选项，当在"结果"网格中选择碰撞后，可以通过动画方式在"场景视图"中显示碰撞点之间的转场。如果不选择此选项，则在逐个浏览碰撞时，主视点将保持不变。默认情况下会清除此复选框。

提示：若要从该效果中获得最佳显示效果，则必须选择"自动更新"或"自动加载"视点选项。

关注碰撞：重置碰撞视点，使其关注原始碰撞点（如果已从原始点导航至别处，即视点的位置发生改变）。

4）模拟。

显示模拟：如果选中该复选框，则可使用基于时间的软（动画）碰撞。它将"TimeLiner"序列或动画场景中的播放滑块移动到发生碰撞的确切时间点，以便用户能够调查在碰撞之前和之后发生的事件。对于碰撞组，播放滑块将移动到组中"最坏"碰撞的时间点。

5）在环境中查看：

通过该列表中的选项，可以暂时缩小到模型中的参考点，从而为碰撞位置提供环境。可选择以下选项之一：

全部：视图缩小以使整个场景在"场景视图"中可见。

文件：视图缩小（使用动画转场），以便包含选定碰撞中所涉及项目的文件范围在"场景视图"中可见。

常用：转至以前定义的主视图。

"查看"按钮：按住"查看"按钮可在"场景视图"中显示选定的环境视图。

注意：只要按住该按钮，视图就会保持缩小状态。如果快速单击（而不是按住）该按钮，则视图将缩小，保持片刻，然后立即再缩放回原来的大小。

（7）"项目"可展开面板。使用"显示/隐藏"按钮显示或隐藏"项目"可展开面板。此面板包含在"结果"区域中选择的碰撞中的两个碰撞项目的相关数据，其中包括与碰撞中的每个项目相关的"快捷特性"，以及标准"选择树"中从根到项目几何图形的路径，如图 7-20

所示。

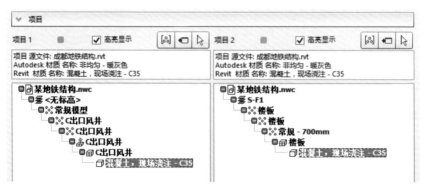

图 7-20

1）在"左"窗格或"右"窗格中单击鼠标右键将打开一个关联菜单：

选择：在"场景视图"中选择项目，以替换当前的任何选择。

导入当前选择：当前在"场景视图"中选择的项目在树中将处于选定状态（如果项目存在于当前可见的层次结构中）。

对涉及项目的碰撞进行分组：创建一个新的碰撞组，其中包含在其上单击鼠标右键的一个或多个项目所涉及的所有碰撞。

2）"高亮显示"复选框：选中该复选框将使用选定碰撞的状态颜色替代"场景视图"中项目的颜色。

"组"按钮：将所有选定碰撞分组在一起。将添加一个新文件夹。默认情况下，它名为新碰撞组（x），其中 x 是最新的可用编号。

"返回"按钮：在"项目"面板区域中选择一个项目然后单击此按钮，会将当前视图和当前选定的对象发送回原始 Revit 应用程序中。

注意：在选择树上选定多个项目时，该按钮不可用。

"选择"按钮：在"项目"面板区域中选择一个项目然后单击此按钮，将在"场景视图"和"选择树"中选择碰撞项目。

7.5 报告选项卡

使用"报告"选项卡可以设置和写入包含选定测试中找到的所有碰撞结果的详细信息的报告，如图 7-21 所示。

（1）"内容"区域。选中所需的复选框可以指定要包含在报告中的与碰撞相关的数据。例如，可以包含与碰撞中涉及的项目相关的"快捷特性""TimeLiner"任务信息、碰撞图像等。

（2）"包含碰撞"区域。对于碰撞组，包括使用该框中的选项可指定如何在报告中显示碰撞组。从以下选项选择：

仅限组标题：报告将包含碰撞组摘要和不在组中的各个碰撞的摘要。

仅限单个碰撞：报告将仅包含单个碰撞结果，并且不区分已分组的这些结果。对于属于一个组的每个碰撞，可以向报告中添加一个名为"碰撞组"的额外字段以标识它。要启用该功能，请选中"内容"区域中的"碰撞组"复选框。

图 7–21

所有内容：报告将包含已创建的碰撞组的摘要、属于每个组的碰撞结果以及单个碰撞结果。对于属于一个组的每个碰撞，可以向报告中添加一个名为"碰撞组"的额外字段以标识它。要启用该功能，请选中"内容"区域中的"碰撞组"复选框。

注意：如果测试不包含任何碰撞组，则该框不可用。

（3）输出设置。

1）报告类型，从下拉列表中选择报告类型：

当前测试：只为当前测试创建一个报告。

全部测试（组合）：为所有测试创建一个报告。

全部测试（分开）：为每个测试创建一个单独的报告。

2）报告格式，从下拉列表中选择报告格式：

XML：创建一个 XML 文件。

HTML：创建 HTML 文件，其中碰撞按顺序列出。

HTML（表格）：创建 HTML（表格）文件，其中碰撞检测显示为一个表格。可以在 Microsoft Excel 2007 及更高版本中打开并编辑此报告。

文本：创建一个 TXT 文件。

作为视点：在"保存的视点"可固定窗口（当运行报告时会自动显示此窗口）中创建一个名为[测试名称]的文件夹。该文件夹包含保存为视点的每个碰撞，以及用于描述碰撞的附加注释。

保持结果高亮显示：此选项仅适用于视点报告，选中此框将保持每个视点的透明度和高亮显示。可以在"结果"选项卡和"选项编辑器"中调整高亮显示。

注意：使用 XML、HTML 或文本格式选项时，默认情况下，"Clash Detective"尝试为每个碰撞包含一个 JPEG 视点图像。请确保选中"内容"框中的"图像"复选框，否则该报告将包含断开的图像链接。对于碰撞组，视点图像是该组的聚合视点。需要为报告及其视点图像创建一个单独的文件夹。

"写报告"按钮：创建选定报告并将其保存到选定位置中，单击写报告之后，选择要保存的路径，并更改测试文件的名称保存文件，如图 7-22 所示（注意，当文件格式为 html 时，中文文件名有可能会导致文件中图片丢失）。

图 7-22

第8章 渲　染

　　渲染可以使用用户设置的光源、应用的材质及选择的环境设置对模型的几何图形进行着色。Autodesk 渲染器是一种通用的渲染器，它可以生成光源效果的物理校正模拟及全局照明，如图 8–1 所示。

图 8–1

　　使用"Autodesk Rending 渲染"窗口可以访问和使用材质库、光源和环境设置。"Autodesk 渲染"窗口是一个可固定窗口，用于设置场景中的材质和光源以及环境设置。

　　"Autodesk 渲染"窗口中包含"Autodesk Rendring"工具栏，如图 8–2 所示，并包含以下选项卡：

图 8–2

　　（1）材质：用于浏览和管理材质集合（称为"库"，由 Autodesk 提供），或为特定的项目创建自定义库。默认材质库中包含各种材质，用户可以从中选择材质并将其应用于模型。还可以使用该选项卡创建新材质，或自定义现有材质。

　　（2）材质贴图：用于调整纹理的方向，以适应对象的形状。

　　（3）光源：用于查看已添加到模型中的光源并自定义光源特性。

（4）环境：用于自定义"太阳""天空"和"曝光"特性。

8.1 "Autodesk Rendring"工具栏

"Autodesk Rendring"工具栏位于渲染选项卡下系统面板中。使用此工具栏，用户可以处理材质贴图、创建和放置光源、切换太阳和曝光设置，并指定位置设置，如图 8-3 所示，图中红框内的命令解释见表 8-1。

图 8-3

表 8-1

控 件		用 途
"材质贴图"下拉菜单（需选择模型图元后该下拉菜单方可亮选）	选择用于选定模型项目的材质贴图类型，并切换贴图以反映选定模型条目当前使用的贴图。其中的可选项为平面、立方体、圆柱、球形	
	平面	选择"平面"材质贴图类型，并打开显示有此类型的默认设置的"材质贴图"选项卡
	立方体	选择"立方体"材质贴图类型，并打开显示有此类型的默认设置的"材质贴图"选项卡
	圆柱	选择"圆柱"材质贴图类型，并打开显示有此类型的默认设置的"材质贴图"选项卡
	球形	选择"球形"材质贴图类型，并打开显示有此类型的默认设置的"材质贴图"选项卡。球形贴图会将图像投影到球形对象上
"创建光源"下拉菜单	在"场景视图"中绘制不同的光源	
	点光源	选择"点光源"工具，并打开"光源"选项卡。将鼠标移动到场景视图中可放置该光源
	聚光灯	选择"聚光灯"工具，并打开"光源"选项卡。将鼠标移动到场景视图中可放置该光源
	平行光	选择"平行光"工具，并打开"光源"选项卡。将鼠标移动到场景视图中可放置该光源
	光域网灯光	选择"光域网灯光"工具，并打开"光源"选项卡。将鼠标移动到场景视图中可放置该光源

控 件	用 途
光源图示符 	在"场景视图"中打开和关闭光源图示符的显示。通常建议在放置、调整灯光时将光源图示符显示出来，在进行渲染出图时，将光源图示符关闭其显示状态
太阳	在当前视点中打开和关闭太阳的光源效果中，并打开"环境"选项卡
曝光	在当前视点中打开和关闭曝光设置，并打开"环境"选项卡
位置	打开"地理位置"对话框，从中可以指定三维模型的位置信息。 这将影响阳光的渲染效果。即模拟真实状态下太阳的照射效果

8.2 "材质"选项卡

使用"材质"选项卡可以浏览和管理材质。该选项卡和 Revit 选项卡是一样的，如果用户有 Revit 的操作经验会很容易上手使用这些材质资源，如图 8-4 所示。

图 8-4

用户可以管理 Autodesk 提供的材质库，也可以为特定项目创建自定义库，使用过滤器按钮可以更改材质的显示、缩略图的大小及显示信息的数量，如图 8-5 所示。

图 8-5

常规操作包括浏览 Autodesk 提供的库，或为特定项目创建自定义库。将材质添加到当前模型。将材质放置到集合（也称为库）中，以便于访问。选择材质以进行编辑。在多个库中搜索材质外观。

（1）"文档材质"面板，如图 8-6 所示，显示与打开的文件一起保存的材质。

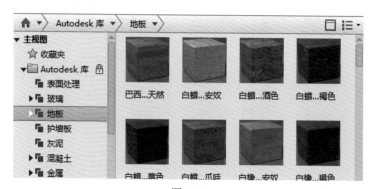

图 8-6

"库"面板，如图 8-7 所示。

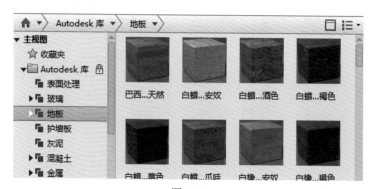

图 8-7

材质库是材质及相关资源的集合。部分库是由 Autodesk 提供的，其他库则是由用户创建的。随产品一起提供的 Autodesk 库包含 700 多种材质和 1000 多种纹理。用户可以将 Autodesk 材质添加到模型中，对其进行编辑并将其保存到自己的库中。使用"Autodesk 渲染"窗口可以浏览和管理 Autodesk 材质及用户定义的材质。

列出材质库中当前可用的类别。选定类别中的材质将显示在右侧。将鼠标悬停在材质样例上方时，用于应用或编辑材质的按钮会变为可用。

（2）显示选项，如图 8-8 所示。提供用于过滤和显示材质列表的选项。

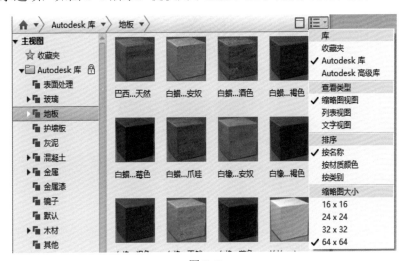

图 8-8

1）库：显示用户指定的库。

① 收藏夹：一种特殊的用户库，用于存储用户定义的材质集合且该库不可以重命名。

② Autodesk 库：包含预定义的材质，供支持材质的 Autodesk 应用程序使用。Autodesk 提供的库已被锁定，其旁边显示有锁定图标。虽然无法编辑 Autodesk 库，但用户可以将这些材质用作自定义材质的基础，而自定义材质可以保存在用户库中。

2）查看类型：将列表设置为显示缩略图视图，列表视图，或文本视图。

3）排序：控制文档材质的显示顺序。可以按名称、类型或材质的颜色排序。在"库"部分中，还可以按类别排序。

4）缩略图大小：设置显示的材质样例的大小。

（3）库面板中按钮操作命令，如图 8-9 所示。

图 8-9

1）显示/隐藏库树：显示或隐藏材质库列表（左侧窗格）。

2）管理库：创建、打开或编辑库和库类别。

3）材质编辑器：显示材质编辑器。

（4）编辑材质。使用"材质编辑器"可以编辑"材质"选项卡中选定的材质。若要打开"材质编辑器"，请双击"文档材质"面板中的一个材质样例，如图8-10所示。

图8-10

材质编辑器的配置会更改，具体取决于选定材质的类型。可根据用户自己的需要添加合适的颜色和图像，并辅以反射率和凹凸等效果达到一个渲染的最佳效果。

① "外观"选项卡：包含用于编辑材质特性的控件。

② 材质预览和下拉选项：预览选定的材质，并提供用于更改缩略图预览的形状、不同环境下材质的显示和渲染质量的选项，如图8-11～图8-13所示。

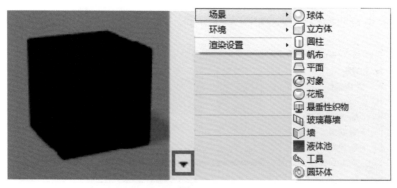

图8-11

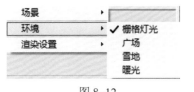

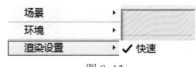

图 8-12　　　　　　　　　　　　　　　　　　图 8-13

③ 材质浏览器▣：显示或隐藏"Autodesk 渲染"窗口。

④ "信息"选项卡：包含用于编辑和查看材质信息的所有控件。指定有关材质的常规说明。

⑤ 名称：指定材质的名称。

⑥ 说明：提供材质说明。

⑦ 关键字：提供有关材质的关键字或标记。关键字用于搜索和过滤"材质"选项卡中显示的材质。

⑧ 关于：显示材质的类型、版本和位置。

⑨ 纹理路径：显示与材质属性关联的纹理文件的文件路径。

（5）将材质应用到对象。

1）在文档材质库中给材质。

① 在"场景视图"或"选择树"中选择对象，也可根据用户制作的选择集或搜索集去选择对象。

② 单击"渲染"选项卡>"系统"面板>"Autodesk 渲染"🗐。

③ 在文档材质库的材质上单击鼠标右键，打开关联菜单，如图 8-14 所示。可选择选项直接指定给当前选择的对象或者删除指定对象的材质，以及选择应用到该材质的对象。也可对该材质进行其他的编辑操作，如编辑、复制、重命名等。

图 8-14

2）在 Autodesk 材质库中给材质。

① 在"场景视图"或"选择树"中选择对象，也可根据用户制作的选择集或搜索集去选择对象。

② 单击"渲染"选项卡>"系统">面板"Autodesk 渲染"🗐。

③ 在 Autodesk 库的材质上单击，如图 8-15 所示，有两个选项。通过单击可将材质应用于该选择对象。

121

图 8-15

8.3 "材质贴图"选项卡

使用"材质贴图"选项卡可以自定义在"渲染"工具栏中选择的材质贴图类型的默认设置，如图 8-16 所示。

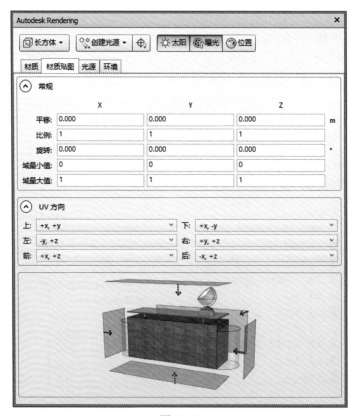

图 8-16

注意：一次仅可为一个几何图形项目调整材质贴图，如多边形或几何图形的实例化项目。它们在"选择树"上通过以下图标指示 和 。此选项适用于对渲染要求较高，对材质纹理位置细部要求较高的渲染使用。故仅建议高级用户使用此功能。

1. 调整材质贴图

Navisworks 提供了一种方法，可为选定的几何图形选择相应的贴图类型，并调整在几何图形上放置、定向和缩放材质贴图的方式。如果使用默认贴图坐标的材质不符合用户的要求，则需要调整贴图。

　　大多数材质贴图都是分配给三维曲面的二维平面。因此，用于说明贴图放置和变形的坐标系与三维空间中使用的 X、Y 和 Z 轴坐标不同。贴图坐标也称为 UV 坐标。U 相当于 X，表示贴图的水平方向。V 相当于 Y，表示贴图的垂直方向。这些字母指的是在对象自己空间中的坐标，而 xzy 坐标则是将场景作为一个整体进行描述。

　　材质贴图定义如何将三维坐标和法线转换为二维纹理坐标（UV），从而用于查找颜色等。每个特定贴图都具有不同的"模板"，控制如何执行贴图。"平移""缩放"和"旋转"字段中的"常规"部分中，先定义应用到每个三维坐标和法线的变换将三维点转换为纹理坐标，然后再为每个具体的贴图类型应用模板。"域最小值"和"域最大值"字段中的值被用在许多贴图模板中，以确定针对每个坐标将坐标空间（X、Y、Z）中的哪个范围（最小值到最大值）映射到纹理空间中 0 到 1 的范围。

　　（1）平面贴图：使用三维点的平面投影计算纹理坐标，如图 8–17 所示。

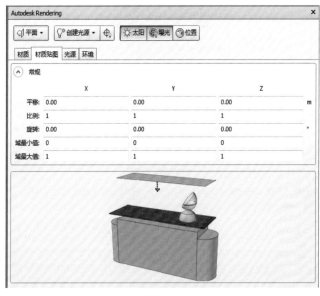

图 8–17

　　变换后的 X 和 Y 坐标将基于"域最小值"和"域最大值"的值进行调整，并用作 U、V 值，如下所示

$$U = (X - Xlow)/(Xhigh - Xlow)$$
$$V = (Y - Ylow)/(Yhigh - Ylow)$$

　　（2）长方体贴图：使用三维点六个平面投影中的一个来计算纹理坐标，如图 8–18 所示。

　　长方体贴图会根据法线方向进行不同的平面投影。假设用户放置一个长方体来包围某对象，法线的方向将决定长方体的哪个面（顶部、底部、左侧……）贴图用于点。

　　UV 方向将定义用于每个面的实际平面贴图。尤其是，会定义三维空间中分别映射到 U 和 V 的轴，对于每个三维点，采用与进行平面贴图相似的方法来应用域调整，然后将点投影到 U、V 各自对应的指定轴，并确定与原点之间的距离。

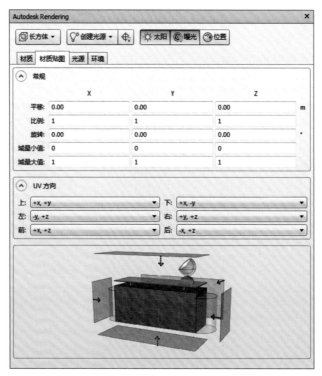

图 8-18

（3）球体贴图：通过原点处的球体投影计算纹理坐标，如图 8-19 所示。

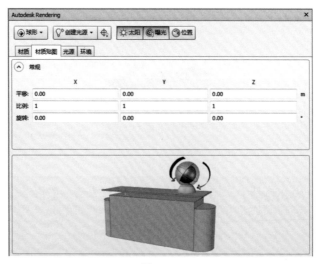

图 8-19

假设用户放置一个球体来包围某对象，每个 X、Y、Z 点都投影到球体上最近的点，U、V 实际上是点的极坐标（角度对）。

（4）圆柱体贴图：坐标映射到圆柱曲面（侧面）或每个圆柱体末端的平面"封口"（如果"封口"复选框处于"打开"状态）。如果未选中"封口"复选框，则仅使用圆柱曲面。如图 8-20 所示。

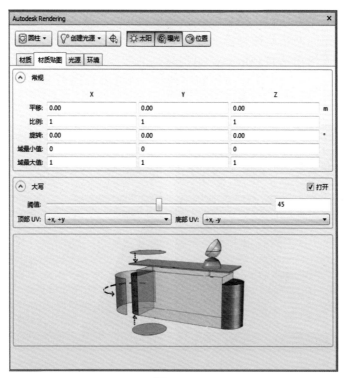

图 8–20

圆柱体贴图类似于长方体贴图，但需要假设放置圆柱体来包围对象。"大写"复选框（此处翻译大写应为封口）可以确定圆柱体封口是否应使用圆柱体侧面之外的其他变换进行纹理贴图。"阈值"是点与圆柱体轴之间的角度，以度数为单位，用于决定应使用封口贴图还是侧面贴图。默认情况下，使用45°。封口方向（"顶部 UV"和"底部 UV"）会指定封口上纹理坐标的方向，类似于长方体贴图的方向参数。

如果使用"封口"，用户将获得平面贴图，就像长方体贴图侧面一样。如果使用圆柱曲面，则 U 基于角度，就像球体 U 一样，而 V = Z（应用"域最小值"和"域最大值"贴图后）。

2. 调整材质贴图的步骤

（1）在"场景视图"中或"选择树"上选择几何图形项目。

（2）单击"渲染"选项卡>"系统"面板>"Autodesk 渲染" 🏖️。

（3）如果选定几何图形尚未应用任何材质，使用"材质"选项卡为其应用材质。

（4）从"渲染"工具栏选择适合该几何图形的贴图类型，例如"长方体" 🔲。

（5）使用"材质贴图"选项卡上的字段根据需要调整贴图。结果将实时显示在"场景视图"中。

8.4 照明选项卡

添加到模型中的每个光源都将按名称和类型在光源视图中列出，通过"状态"复选框可打开和关闭光源。在光源上单击鼠标右键可显示关联菜单，即将当前选择光源进行删除操作。单击一个光源可选择它，并在"属性"视图中显示其属性。

在列表中选择一个光源时，模型中也会选择该光源，反之亦然。在模型中选择一个光源后，可以使用小控件来移动该光源并更改其他一些属性，例如，修改聚光灯中的热点和落点圆锥体，鼠标左键单击黄色的点，出现移动的图标即可修改。用户还可以在"属性"视图中直接调整光源的设置。在更改光源属性时，可以看到模型上产生的效果，如图 8–21 所示。

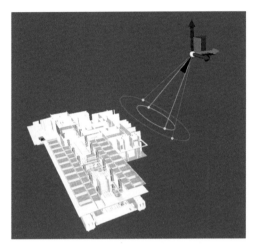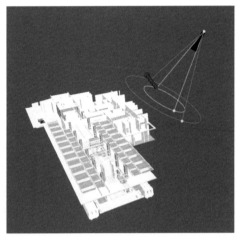

图 8–21

注意：默认情况下，模型中最多可使用八个光源。如果光源数超过八个，它们将不会影响模型，即使启用它们也是如此。可以使用"选项编辑器"以使用无限数量的光源（如果需要）。

特性视图：

（1）"属性"视图显示当前选定光源的属性，如图 8–22 所示。

⌃ 常规		
名称	平行光	
类型	平行光	
开/关状态	✔	
过滤颜色	□ 255, 255, 255	...
灯光强度	1.0000	Cd
灯光颜色	□ D65	...
产生的颜色	□ 255, 250, 255	
⌃ 几何图形		
来源矢量 X	0.0000	
来源矢量 Y	0.0000	
来源矢量 Z	0.0000	
目标矢量 X	0.3710	
目标矢量 Y	0.7430	
目标矢量 Z	-0.5570	
源矢量 X	0.3710	
源矢量 Y	0.7430	
源矢量 Z	-0.5570	

图 8–22

1）名称：指定分配给光源的名称。

2）类型：指定光源的类型：点光源、聚光灯、平行光或光域网灯光。

3）开关状态：控制光源处于打开状态还是关闭状态。

4）过滤颜色：设定发射光的颜色，即可理解为灯罩的颜色。

5）灯光强度：如图 8-23 所示，修改灯光亮度。灯光强度表示照度或沿特定方向的能量，此处需注意平行光源无法进入此选项。

　　a. 亮度（cd）：以坎德拉（cd）为单位测量的发光强度。指定光源在特定方向产生的光量。

　　b. 光通量（流明）：以流明（lm）为单位测量的光通量。指定光源产生的总光量，与方向无关。此信息通常由灯制造商提供。在数学上，光通量是球体内发光强度的积分值。光通量的计算取决于强度的分布。对于具有固定强度的点光源，光通量就是强度与球体立体角的乘积：4 Pi*强度。对于聚光灯，光通量是强度与热点圆锥体立体角的乘积，加上衰减区域的增量立体角。对于光域网灯光，没有任何分析公式。光通量通过对光域网灯光文件中提供的强度进行数值积分获得。

　　c. 照度（lx）：照度以勒克斯为单位测量，表示到达表面的光量（面积光通量密度）。选中此单选按钮后，"距离"字段将变为可用。距离：照度受光源到表面的距离的影响。使用此字段可调整该值。

　　d. 瓦特（W）：通过修改效能值，调整瓦特。

6）灯光颜色：通过此对话框可设置灯的颜色以及光度控制灯光，如图 8-24 所示。

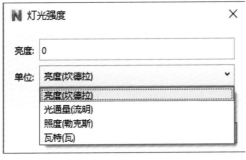

图 8-23　　　　　　　　　　　　　　　　　图 8-24

　　a. 标准颜色：如果要从标准颜色（光谱）的固定列表中选择灯光颜色，请选择此单选按钮。

　　b. 开尔文颜色：如果要以开氏温度指定颜色，请选择此单选按钮。颜色与该温度下理想黑体的辉光对应。在提供的字段中输入所需的值（介于 1000～20 000 之间）。

7）产生的颜色：产生的颜色有灯光颜色和过滤颜色共同决定，相当于灯泡和灯罩的颜色共同决定。例：灯泡是白色的，灯罩是红色的，产生的颜色就是红色的；灯泡是红色的，灯罩是白色的，产生的颜色还是红色的。

（2）几何图形。

可控制光源的位置。如果光源是聚光灯或光域网灯光，则有更多的目标点属性可用。

8.5　环境选项卡

使用"环境"选项卡配置太阳属性、天空属性和曝光设置。只有在打开曝光时，才显示日光和天空效果，否则"场景视图"中的背景将变为白色，如图 8-25 所示。

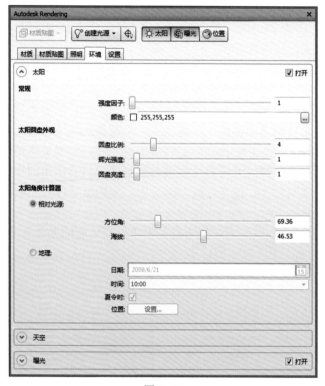

图 8-25

1. 太阳

设置并修改阳光的属性。通常配合着位置一同使用。"打开"复选框：打开和关闭阳光。如果没有在模型中启用光源，则此设置无效。若要控制模型光源，请转到"视点"选项卡>"渲染样式"面板。

（1）常规：设置阳光的常规属性。

1）强度因子：设定阳光的强度或亮度。取值范围为 0（无光源）到最大值。数值越大，光源越亮。

2）颜色：可以使用颜色选择器选择太阳的颜色。

（2）太阳圆盘外观：这些设置仅影响背景。它们控制太阳圆盘的外观。

1）圆盘比例：指定太阳圆盘的比例（正确尺寸为 1.0）。

2）辉光强度：指定太阳辉光的强度，值为 0.0 至 25.0。

3）圆盘亮度：指定太阳圆盘的亮度，值为 0.0 至 25.0。

（3）太阳角度计算器：设定阳光的角度，如图 8-26 所示。

相对光源，使用建筑或视点的相对太阳位置以快速生成渲染结果（使用外部太阳光源）。这是默认设置。

1）方位角：指定水平坐标系的方位角坐标。范围为 0°～360°。默认设置为 135°。

2）海拔：指定地平线以上的海拔或标高。范围为 0～90。默认设置为 50。

地理：选择"地理"以使用太阳/位置设置。

图 8-26

1）日期：设定当前日期设置。

2）时间：设定当前时间设置。

3）夏令时：设定夏令时的当前设置，又称"日光节约时制"和"夏令时间"，是一种为节约能源而人为规定地方时间的制度，在这一制度实行期间所采用的统一时间称为"夏令时间"。一般在天亮早的夏季人为将时间调快一小时，可以使人早起早睡，减少照明量，以充分利用光照资源，从而节约照明用电。各个采纳夏令时制的国家具体规定不同。目前全世界有近 110 个国家每年要实行夏令时。

2016 年 7 月，江苏公共服务单位启动夏令时，部分机关单位推迟上班时间。用户可以根据自己所在区域决定是否需要勾选夏令时。

2. 天空

（1）渲染天光照明：选中此复选框将在"场景视图"中启用阳光效果。对于真实视觉样式和真实照片级视觉样式，都将显示该效果。如果清除该复选框，将不会显示阳光。

（2）强度因子：提供一种增强天光效果的方式。值为 0.0 至最大值。默认值为 1.0。

（3）薄雾：确定大气中的散射效果量级。值为 0.0～15.0。默认值为 0.0。

（4）夜间颜色：可以使用颜色选取器选择夜空的颜色。

（5）地平线高度：使用滑块来调整地平面的位置。

（6）模糊：使用滑块来调整量地平面和天空之间的模糊量。

（7）地面颜色：可以使用颜色选取器选择地平面的颜色。

3. 曝 光

控制如何将真实世界的亮度值转换到图像中。"打开"复选框：打开和关闭曝光（或色调贴图）。对于真实视觉样式和真实照片级视觉样式，都将显示该效果。如果取消选中该复选框，场景背景将变为白色，并且不会显示太阳和天空模拟。

（1）曝光值：渲染图像的总体亮度。此设置相当于具有自动曝光功能的相机中的曝光补偿设置。输入一个介于–6（较亮）和 16（较暗）之间的值，默认值为 6。

（2）高光：图像最亮区域的亮度级别。输入一个介于 0（较暗的高亮显示）和 1（较亮的高亮显示）之间的值，默认值为 0.25。

（3）中间色调：亮度介于高光和阴影之间的图像区域的亮度级别。输入一个介于 0.1（较暗的中间色调）到 4（较亮的中间色调）之间的值，默认值为 1。

（4）阴影：图像最暗区域的亮度级别。输入一个介于 0.1（较亮的阴影）和 4（较暗的阴影）的值，默认设置为 0.2。

（5）白点：在渲染图像中应显示为白色的光源的颜色温度。此设置类似于数码相机上的"白平衡"设置。默认值为 6500。如果渲染图像看上去橙色太浓，可减少"白点"值。如果渲染图像看上去蓝色太浓，可增大"白点"值。

（6）饱和度：渲染图像中颜色的强度。输入一个介于 0（灰色/黑色/白色）到 5（更鲜艳的色彩）之间的值，默认值为 1。

图 8-27

4. 位置

使用此对话框可以在模型中设定地理位置的纬度、经度和北向。"场景视图"会显示太阳在自定义时区的自定义位置，如图 8-27 所示。

（1）纬度和经度：以"十进制数"表示纬度/经度，例如 37.872 22°；以"度/分/秒"表示纬度/经度，例如 37°52'20"。

（2）纬度：设定当前位置的纬度，有效范围是 0°～+90°。

（3）经度：设定当前位置的经度，有效范围是 0°～+180°。北/南：控制正值是表示赤道以北还是表示赤道以南。东/西，控制正值是表示本初子午线以西还是表示本初子午线以东。

（4）时区：指定时区，可以直接在该字段中设置时区。

（5）北向：在"场景视图"中控制太阳的位置，此设置对模型的坐标系或 ViewCube 指南针方向没有任何影响。

（6）角度：移动滑块来指定相对于北向的角度，从 0° 开始，范围为 0° 到 360°。

5. 设置

（1）当前渲染预设：使用"Autodesk 渲染"窗口中的"设置"选项卡可自定义渲染样式预设，如图 8-28 所示。

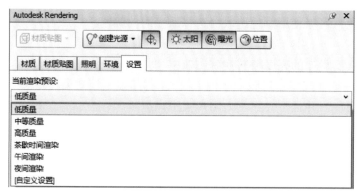

图 8-28

注意：每个预设仅保存一个自定义设置。编辑这些设置时，将覆盖之前的自定义。可重用的渲染参数将存储为渲染预设。可以从一组默认的渲染预设中选择，也可以使用"设置"

选项卡创建自己的自定义渲染预设。渲染样式预设通常针对相对快速的预览渲染而定制。其他预设可能针对较慢但质量较高的渲染而创建。选择渲染样式预设可自定义渲染输出的质量和速度。

（2）基本：

1）渲染到级别：指定 1 到 50 的渲染级别，级别越高，渲染质量越高。

2）渲染时间（分钟）：指定渲染时间（以分钟为单位）。渲染动画时，此设置将控制渲染整个动画（而不是单独的动画帧）所花费的时间。

8.6 选择渲染质量

用户可以在多个预定义渲染样式中进行选择，以控制渲染输出的质量和速度。成功进行渲染的关键是在所需的视觉复杂性和渲染速度之间找到平衡。最高质量的图像通常所需的渲染时间也最长。渲染涉及大量的复杂计算，这些计算会使计算机长时间处于繁忙状态。若要高效工作，请考虑生成其质量对于用户的特定项目足够好或可接受的图像。

Navisworks 中有多种渲染样式可用，用户可以通过单击功能区上的"交互式光线追踪" 组合下拉按钮（"渲染"选项卡>"渲染"面板）访问这些渲染样式。

该复选标记指示当前选定的样式。若要选择其他样式，在其上单击即可，如图 8–29 所示。图中命令的具体含义见表 8–2。

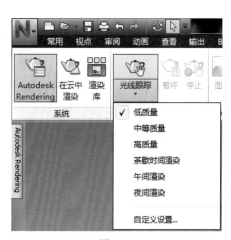

图 8–29

表 8–2

低质量	抗锯齿将被忽略。样例过滤和光线跟踪处于活动状态。着色质量低。如果要快速看到应用于场景的材质和光源效果，请使用此渲染样式。生成的图像存在细微的不准确性和不完美（瑕疵）之处
中等质量	抗锯齿处于活动状态。样例过滤和光线跟踪处于活动状态，且与"低质量"渲染样式相比，反射深度设置增加。在导出最终渲染输出之前，可以使用此渲染样式执行场景的最终预览。生成的图像将具有令人满意的质量，以及少许瑕疵
高质量	抗锯齿、样例过滤和光线跟踪处于活动状态。图像质量很高，包括边、反射和阴影的所有反射、透明度和抗锯齿效果。此渲染质量所需的生成时间最长。将此渲染样式用于渲染输出的最终导出。生成的图像具有高保真度，并且最大限度地减少了瑕疵
茶歇时间渲染	使用简单照明计算和标准数值精度将渲染时间设置为 10min
午间渲染	使用高级照明计算和标准数值精度将渲染时间设置为 60min
夜间渲染	使用高级照明计算和高数值精度将渲染时间设置为 720min
自定义设置	自定义基本和高级渲染设置以供渲染输出。若要更改设置，请转到"Autodesk 渲染"窗口>"设置"选项卡

交互式光线追踪：

（1）交互式光线追踪面板中包含光线跟踪、暂停、停止三个选项。其中暂停是对之前进行的渲染进行暂停的操作，暂停渲染，如图 8–30 所示。

图 8-30

（2）保存需单击暂停或渲染完成之后方可亮选使用，将渲染的图片进行保存到本地的处理。其中可选择保存格式，如图 8-31 所示。

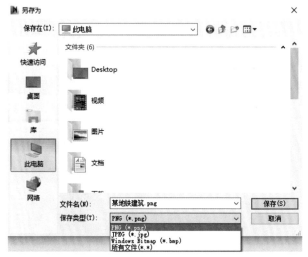

图 8-31

（3）关闭选项是退出当前渲染状态，不再进行实时交互式光线追踪的操作。

第9章 人 机 动 画

动画是一个经过准备的模型更改序列。可以在 Navisworks 2018 中做出的更改包括：通过修改几何图形对象的位置、旋转、大小和外观（颜色和透明度）来操作几何图形对象。此类更改称作动画集。

通过使用不同的导航工具（如动态观察或飞行）或使用现有的视点动画来操作视点。此类更改称作相机。

通过移动剖面或剖面框来操作模型的横断面切割。此类更改称作剖面集。

9.1 Animator 窗口

"Animator"窗口是一个浮动窗口，通过该窗口可以将动画添加到模型中，如图 9–1 所示。

图 9–1

"Animator"窗口包含以下组件：工具栏、树视图、时间轴视图和手动输入栏，见表 9–1。

表 9–1

控件	用　途
	使"Animator"处于平移模式。"平移"小控件会显示在"场景视图"中，能够修改几何图形对象的位置。从工具栏中选择其他对象操作模式之前，该模式一直处于活动状态
	使"Animator"处于旋转模式。"旋转"小控件会显示在"场景视图"中，能够修改几何图形对象的旋转。从工具栏中选择其他对象操作模式之前，该模式一直处于活动状态
	使"Animator"处于缩放模式。"缩放"小控件会显示在"场景视图"中，能够修改几何图形对象的大小。从工具栏中选择其他对象操作模式之前，该模式一直处于活动状态

控件	用　途
	使"Animator"处于颜色模式。手动输入栏中显示一个调色板，通过它可以修改几何图形对象的颜色
	使"Animator"处于透明度模式。手动输入栏中显示一个透明度滑块，通过它可以修改几何图形对象的透明度
	为当前对模型所做的更改创建快照，并将其作为时间轴视图中的新关键帧
	启用/禁用捕捉。仅当通过拖动"场景视图"中的小控件来移动对象时，捕捉才会产生效果，并且不会对数字输入或键盘控制产生任何效果
场景 1　▼	选择活动场景
0:10.00	控制时间轴视图中时间滑块的当前位置
	将动画倒回到开头
	倒回一秒
	从尾到头反向播放动画，然后停止。这不会改变动画元素面对的方向
	暂停动画。要继续播放，请再次单击"播放"
	停止动画，并将动画倒回到开头
	从头到尾正向播放动画
	正向播放动画 1s
	使动画快进到结尾

"Animator"树视图："Animator"树视图在分层的列表视图中列出所有场景和场景组件，使用它可以创建并管理动画场景。

分层列表：可以使用"Animator"树视图创建并管理动画场景。场景树以分层结构显示场景组件，如动画集、相机和剖面。要处理树视图中的项目，必须先选择它。

在树视图中选择一个场景组件会在"场景视图"中选择该组件中包含的所有元素。例如，在树视图中选择一个动画集会自动选择该动画集中包含的所有几何图形对象。

通过拖动树视图中的项目可以快速复制并移动这些项目。在树视图中单击要复制或移动的项目，按住鼠标右键并将该项目拖动到所需的位置。当鼠标指针变为箭头时，释放鼠标右键会显示关联菜单，根据需要单击"在此处复制"或"在此处移动"。

关联菜单：对于树中的任何项目，可以通过在项目上单击鼠标右键显示关联菜单，表 9-2 中命令只要适用，就会显示在关联菜单上。

表 9-2

命令	用　途
添加场景	将新场景添加到树视图中
添加相机	将新相机添加到树视图中

命令	用　途
添加动画集	将动画集添加到树视图中
更新动画集	更新选定的动画集
添加剖面	将新剖面添加到树视图中
添加文件夹	将文件夹添加到树视图中。文件夹可以存放场景组件和其他文件夹
添加场景文件夹	将场景文件夹添加到树视图。场景文件夹可以存放场景和其他场景文件夹。添加场景文件夹时，如果在选中某个空场景文件夹时执行此操作，Navisworks 会在树的最顶端创建新的场景文件夹，否则会在当前选择下创建该文件夹
活动	启用或禁用场景组件
循环播放	为场景和场景动画选择循环播放模式。动画正向播放到结尾，然后再次从开头重新启动，无限期循环播放
往复播放	为场景和场景动画选择往复播放模式。动画正向播放到结尾，然后反向播放到开头。除非还选择了循环播放模式，否则往复播放将只发生一次
无限播放	选择无限模式；它仅适用于场景，并将使场景无限期播放（即，直到单击"停止"□后才会停止播放）
剪切	将树中的选定项目剪切到剪贴板
复制	将树中的选定项目复制到剪贴板
粘贴	从剪贴板将项目粘贴到新位置
删除	从树中删除选定项目

该窗口下方还有一些图标的用途见表 9–3。

表 9–3

图标	用　途
⊕	打开一个快捷菜单，使用该快捷菜单可以向树视图中添加新项目，如"添加场景"、"添加相机"等
⊗	删除在树视图中当前选定的项目。注：如果意外删除了某个项目，请单击快速访问工具栏上的"撤消" ↰恢复它
⬆	在树视图中上移当前选定的场景
⬇	在树视图中下移当前选定的场景
⊕	基于时间刻度条进行放大。实际值显示在右侧的"缩放"框中
⊖	基于时间刻度条进行缩小。实际值显示在右侧的"缩放"框中

使用场景视图中的复选框可以控制相应项目是否处于活动状态、是否循环播放或往复播放以及是否应无限期运行。

活动：此复选框仅适用于场景动画。选中此复选框可使场景中的动画处于活动状态。将仅播放活动动画。

注意：要使场景处于活动状态，需要在"Animator"工具栏上的"场景选择器"中选择它。

循环播放：此复选框适用于场景和场景动画，通过它可以控制播放模式。选中该复选框

135

将使用循环播放模式，当动画结束时，它将重置到开头并再次运行。

P. P.：此复选框适用于场景和场景动画。通过它可以控制播放模式。选中该复选框将使用往复播放模式。当动画结束时，它将反向运行，直到到达开头。除非还选择了循环播放模式，否则往复播放将只发生一次。

无限播放：此复选框仅适用于场景。选中此复选框将使场景无限期播放（即，在单击"停止" 前一直播放）。如果取消选中该复选框，场景将一直播放到结束为止。

注意：如果将场景设置为"无限"，它也无法循环播放或往复播放；因此，如果选中该复选框，"循环播放"和"P.P."复选框将对场景不可用。

9.2 卡车–皮卡平移动画

（1）打开 Navisworks 测试模型，单击动画视点进入该视点，如图 9–2 所示。

图 9–2

（2）选择场景视图中卡车–皮卡，选择卡车–皮卡的方式由用户自己决定，这里采用在选择树中单击选择，如图 9–3 所示。

图 9–3

（3）在 Animator 窗口中单击添加场景，如图 9-4 所示。

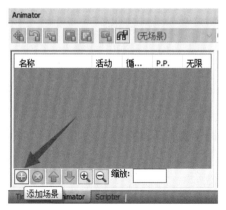

图 9-4

（4）在确保场景视图中选择的状态下，在场景 1 上单击右键，添加动画集，从当前选择，如图 9-5 所示，即把当前的卡车-皮卡添加到场景 1 中。在此时，可以看到还有一个选项是从当前搜索/选择集，如果用户在之前将卡车-皮卡做成搜索/选择集，也可在选择的时候选择第二个选项。

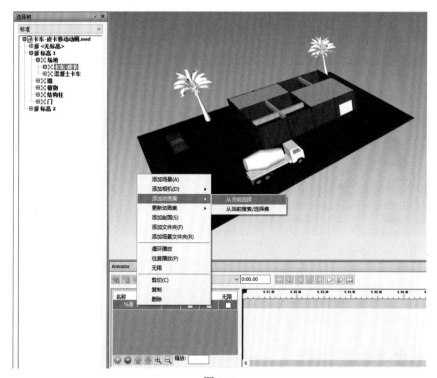

图 9-5

（5）双击"动画集 1"，对该动画集进行重新命名，将"动画集 1"修改为"卡车-皮卡"，如图 9-6 所示。重新命名的目的是为了让用户能在制作多个动画时能区分开哪个动画集对应着哪个构件。

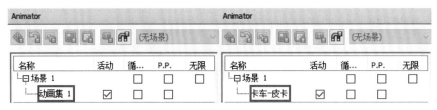

图 9-6

（6）单击"卡车-皮卡"动画集，可以看到后面的时间轴上出现指针显示当前时间位置，单击如图 9-7 所示框选的捕捉关键帧图标，进行关键帧的捕捉，即在第 0 秒的时候卡车-皮卡的位置是在原始位置不变的。

图 9-7

（7）接下来制作卡车-皮卡的移动后位置，并捕捉该位置的时间。首先在时间的输入框中输入时间 5s（动画的播放时间），按 Enter 键确定，如图 9-8 所示。然后再选择移动命令，对卡车-皮卡进行移动，手动拖动绿色轴向（Y 轴），移动到如图 9-9 所示位置。

图 9-8

（8）除了手动拖曳轴，也可以对移动的位置进行精确控制，绿色的轴向是 Y 轴，可以直接输入 Y 轴的数值进行移动。在调节数值的时候可以将查看选项卡下，导航辅助工具中，HUD 下拉菜单中的 X、Y、Z 轴勾选上，方便观察轴向，如图 9-10 和图 9-11 所示。

138

图 9-9

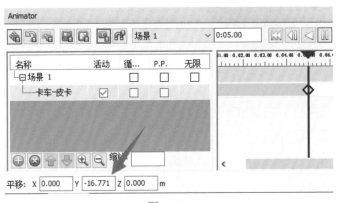

图 9-10

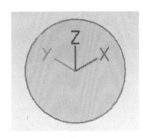

图 9-11

（9）在时间的输入框中输入时间 10s，按 Enter 键确定。选择平移动画集，将卡车–皮卡
移动到如图 9-12 所示位置，单击捕捉关键帧。

图 9-12

（10）到这里，这段移动动画就制作完成了。单击视频编辑区域可对该段动画进行播放、
暂停等操作（在播放时可将平移动画集命令取消、将卡车–皮卡的选中状态也取消，使播放时

效果更好一些，调整到如图 9–13 所示）。观察创建的动画是否合适，如果在时间上需要改动可以直接拖曳相应的关键帧，调整时间间隔，如图 9–14 所示。如果在卡车–皮卡的位置上需要调整，可以先单击选中要调整的关键帧再对该关键帧的卡车–皮卡进行平移操作，然后单击捕捉关键帧，即将当前关键帧进行更新。

图 9–13

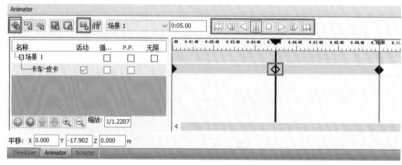

图 9–14

9.3　卡车–皮卡旋转动画

（1）在上一节的基础上，重新在卡车–皮卡上做一个旋转动画，首先选择上一小节制作的卡车–皮卡动画，单击鼠标右键执行删除操作，将该动画删除，如图 9–15 所示。

图 9–15

（2）在选择树中单击选择混凝土卡车，如图 9-16 所示，将混凝土卡车添加到场景 1 中，如图 9-17 所示。

图 9-16

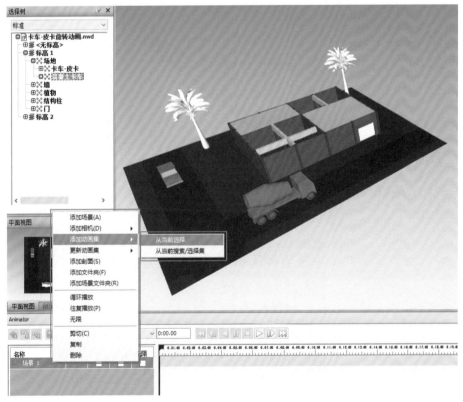

图 9-17

（3）将动画集 1 名称修改为混凝土卡车，并对混凝土卡车添加一个平移动画，时间长度为 5s，移动到车库门前位置即可，如图 9-18 和图 9-19 所示。

图 9-18

图 9-19

（4）与上一节操作相同，将卡车-皮卡添加到场景 1 中，并命名该动画集为卡车-皮卡，如图 9-20 所示。

图 9-20

（5）勾选取消混凝土卡车后的"活动"复选框对勾。设置卡车-皮卡的动画，让卡车-皮卡在第 0s 的时候保持在原来的位置上不变，在第 5s 的时候走到十字路口处，完成两个关键帧的设置，如图 9-21 所示。

图 9-21

（6）继续对卡车-皮卡执行旋转操作，将时间位置调至第 8s，单击旋转动画集，如果如图 9-22 所示，将旋转中心移动到卡车-皮卡中心位置上，如图 9-23 所示（在启动旋转动画集情况下点击白球位置即可移动）；如果旋转中心默认在卡车-皮卡上，则无需调整。调整视点位置，拖动蓝色半弧旋转轴对卡车-皮卡进行旋转，如图 9-24 所示。旋转一定角度后，观察 Animator 选项框，可以看到旋转后的 Z 轴位置角度发生了改变（即手动拖曳旋转了一定位置即为该处的值变化），接下来手动调整，将该值修改为 90°，如图 9-25 所示，使卡车-皮卡旋转完成，捕捉关键帧。在第 8s 时记录下此状态。

图 9-22

图 9-23

图 9-24

名称	活动	循…
□场景 1	☐	
└混凝土卡车	☐	☐
└卡车-皮卡	☑	☐

缩放:

旋转: X 0.000 Y 0.000 Z 90 °

图 9-25

（7）继续选择卡车–皮卡动画集，输入时间 10s。使用平移动画集，将卡车–皮卡移动到如图 9–26 所示位置，并捕捉该位置关键帧。

图 9–26

（8）将混凝土卡车动画集后的活动复选框勾选，播放一下观察。发现卡车–皮卡在旋转的时候会出现问题，其余的都是正常的。这时应当检查旋转前后的两个视点，查看旋转中心的位置，将旋转中心调至卡车–皮卡中心位置上，再次捕捉一下关键帧。再次播放就不会出现任何问题了。播放结束两车的位置应当如图 9–27 所示。

图 9–27

9.4　混凝土卡车缩放动画

在上一步旋转动画的基础上再次调整，由于混凝土卡车比较大，等一下进车库的时候不是很方便。这里再做一个缩放动画，将混凝土卡车缩小。

145

（1）首先将卡车–皮卡的活动复选框勾选掉，只对混凝土卡车进行操作。在这里想实现一个混凝土卡车逐渐变小的过程，首先第 0s 的时候大小是不变的，如图 9-28 所示。

图 9-28

图 9-29

（2）将时间位置调至第 5s 位置上，单击缩放动画集，修改该位置混凝土卡车的大小状态。将 X、Y、Z 值分别修改为 0.4，如图 9-29 所示。可以观察到混凝土卡车的大小已经发生了改变。

（3）仔细观察，混凝土卡车的位置变化是不正确的，混凝土卡车的位置是悬浮在空中的，如图 9-30 所示。需要利用平移动画集将混凝土卡车的位置进行调整，将混凝土卡车放在路面上，如图 9-31 所示。最后捕捉该位置的关键帧。

图 9-30

图 9-31

（4）单击播放按钮，查看混凝土卡车的这一段缩放动画。如果在播放的过程中，发现缩放的时候车的轮子会陷入到地面之下。这是轴心的问题，需要将第 5s 的轴心移动到混凝土卡车的中心位置上：单击第 5s 的关键帧，单击旋转动画集，直接拖曳轴心，将其放在卡车中心位置，单击捕捉关键帧命令以更新关键帧，再次播放，结果如图 9-32 所示。

图 9-32

9.5 卡车-皮卡、混凝土卡车混合动画

在上一步缩放动画的基础上继续添加颜色和透明度的动画集。

（1）首先还是将卡车-皮卡的活动复选框关掉，先修改混凝土卡车的动画集，为其添加颜色动画集。选中第 0s 的关键帧，单击颜色动画集，修改颜色，将颜色修改为红色（Red）。单击捕捉关键帧，捕捉下该状态，如图 9-33 所示。

（2）单击播放动画，可以发现混凝土卡车会从红色慢慢变成混凝土卡车原本的颜色，如图 9-34 所示。

图 9–33

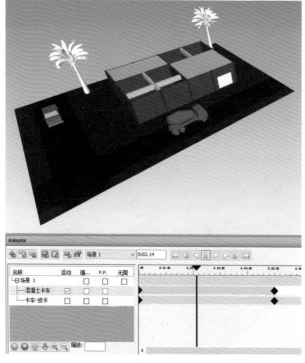

图 9–34

（3）接下来在卡车–皮卡上添加透明度动画集，将混凝土卡车的动画集后的活动复选框取消勾选，在卡车–皮卡后的复选框勾选，如图 9–35 所示。

图 9–35

148

（4）将卡车–皮卡的时间位置调整到第 5s 位置，然后单击更改动画集的透明度，修改该位置的动画集透明度数值为 50%，如图 9–36 所示。

图 9–36

（5）单击播放动画，会发现一个问题就是透明度的变化不是渐变的是突变的，如果想要让透明度的变化是一个渐变的过程，那么就应当将第 0s 的时间位置上也加上一个透明度修改动画集。虽然第 0s 的位置透明度为 0，但是这一位置上已经有了透明度的动画集就可以实现透明度从 0 到 50 的渐变过程。

给第 0s 透明度的方式可以直接选择"更改动画集的透明度"命令，然后将透明度后的复选框打上对勾，或者在第 0s 的关键帧上单击鼠标右键编辑，将透明度后的复选框打上对勾，单击确定，如图 9–37 所示。

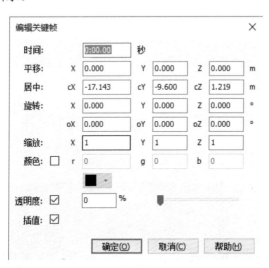

图 9–37

（6）同样，将第 8s 时间位置的透明度修改为 80%，将第 10s 时间位置的透明度修改为 100%。即做了一个卡车–皮卡从实体变成完全透明的一个过程。

（7）接下来继续制作车库门打开，混凝土卡车进车库的动画。首先选中车库门，在选择的时候注意选择精度，选择的是车库门的整体，将其添加到动画集到场景 1 中，并将其命名为车库门，仅勾选车库门后的活动复选框，如图 9–38 所示。

图 9-38

（8）将时间位置调整到第 4s 位置，捕捉该位置的车库门闭合状态。然后将时间位置调整到第 6s 位置，利用缩放动画集将车库门打开。单击缩放动画集，首先调整缩放动画集的轴心位置，修改后一个 Z 值为 8，具体位置如图 9-39 所示。

图 9-39

（9）然后向下拖曳蓝色的 Z 轴将车库门打开，捕捉该位置的关键帧。单击播放按钮，播放试看效果，如图 9-40 所示。

图 9-40

（10）继续添加车库门关闭的状态捕捉关键帧，由于关闭的状态和一开始的闭合状态是一个状态，选择之前的第 4s 关键帧，单击鼠标右键复制。将其复制到第 10s 位置上。为了让混凝土卡车能正常进入车库，让车库门在打开的状态时停留 2s，即复制第 6s 的关键帧粘贴到第 8s 位置，如图 9-41 所示。

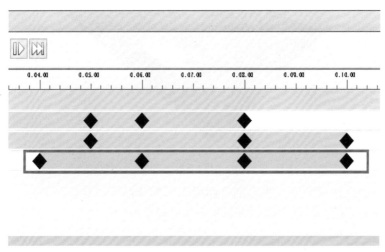

图 9-41

（11）为混凝土卡车添加旋转、平移动画集使其进入车库，与卡车-皮卡的旋转平移动画是一样的，这里不再赘述。最后播放一下试看效果，完成之后混凝土卡车进入车库，卡车-皮卡变成透明，如图 9-42 所示。

图 9-42

9.6 剖面动画

（1）打开 Navisworks 测试模型，单击动画视点进入该视点，如图 9-43 所示。

（2）打开 Animator 窗口，添加新的场景，在场景 1 上单击右键选择添加剖面，创建一个新的剖面动画，如图 9-44 所示。

图 9–43

（3）进入到视点选项卡下，找到剖分面板启用剖分命令，对模型进行剖分，如图 9–45 所示。单击启用剖分后，可以观察到场景视图中的模型会发生变化，如图 9–46 所示。

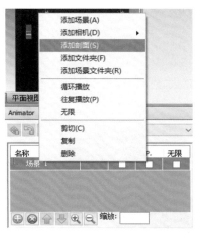

图 9–44

图 9–45

图 9–46

（4）显然，现在显示的剖分位置不符合要求，想要做的动画是需要让模型从远端到近端一点一点地生成。调整一下剖面的位置，单击进入到剖分工具选项卡下，选择剖面的对齐方式，如图 9–47 所示。这里选择左侧，并选择移动命令，如图 9–48 所示，目的是为了看到剖面的位置及方便对剖面进行调整。

图 9–47   图 9–48

（5）调整完成后，场景视图中的模型如图 9–49 所示样式显示在场景视图中。拖曳蓝色的轴线，使其达到图 9–50 所示的样式，并在 Animator 中捕捉 0s 时的关键帧。也就是模型开始第一个关键帧的时候，场景视图中是什么都没有的，随着时间的推移，模型一点一点地生成。

（6）继续拖曳蓝色的轴，并捕捉不同时间、不同位置的关键帧。图 9–51 和图 9–52 所示为第 5s 的时候模型的位置，图 9–53 所示为第 8s 的位置，图 9–54 所示为第 12s 的位置。

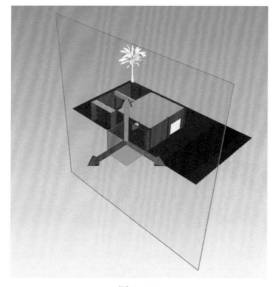

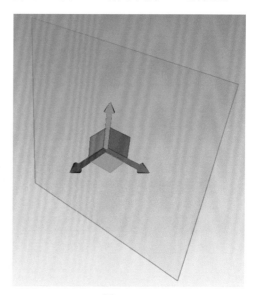

图 9–49   图 9–50

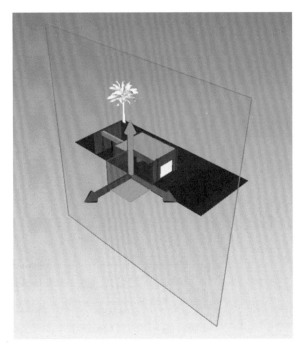

图 9-51

图 9-52

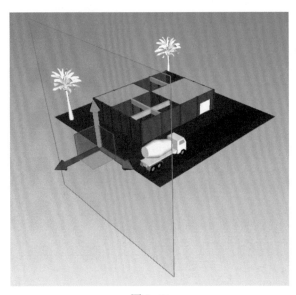

图 9-53

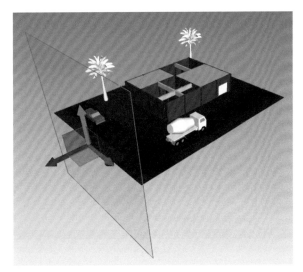

图 9–54

（7）捕捉好这几个位置之后，结果如图 9–55 所示。回到剖分工具选项卡下，将移动命令关闭，单击播放按钮就可以看到模型的剖分动画了。也可以通过再次拖曳关键帧的位置，调整模型剖面动画生成的快慢。

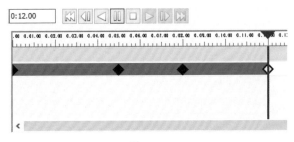

图 9–55

9.7　脚本

使用"Scripter"窗口可向模型中的动画对象添加交互性，如图 9–56 所示。"动画互动工具"树形视图以分层列表视图的形式包含 Navisworks 文件中可用的所有脚本。使用它可以创建并管理动画脚本。

注意：尽管可以将脚本组织到文件夹中，但是这对在 Navisworks 中执行脚本的方式没有任何影响。

图 9–56

（1）分层列表：可以使用"Scripter"树视图创建并管理脚本，如图 9-57 所示。选择树视图中的脚本将显示相关的事件、操作和特性。

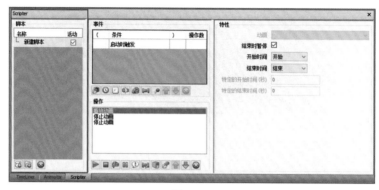

图 9-57

通过拖动树视图中的项目可以快速复制并移动这些项目。要执行此操作，请单击要复制或移动的项目，按住鼠标右键并将该项目拖动到所需的位置，当鼠标指针变为箭头时，释放鼠标键可显示关联菜单。根据需要单击"在此处复制"或"在此处移动"。

（2）关联菜单：对于树中的任何项目，可以通过在项目上单击鼠标右键显示关联菜单。下列命令只要适用，就会显示在关联菜单上，见表 9-4。

表 9-4

命　令	用　　途
添加新脚本	将新脚本添加到树视图中
添加新文件夹	将文件夹添加到树视图中。文件夹可以存放脚本和其他文件夹
重命名项目	用于重命名在树视图中当前选定的项目
删除项目	删除在树视图中当前选定的项目
激活	对树视图中的当前选定项目选中"活动的"复选框。仅将执行活动脚本
取消激活	对树视图中的当前选定项目取消选中"活动"复选框。仅将执行活动脚本

（3）图标含义见表 9-5。

表 9-5

图标	用　　途
	将新脚本添加到树视图中
	将新文件夹添加到树视图中
	删除在树视图中当前选定的项目。 注：如果意外删除了某个项目，请单击快速访问工具栏上的"撤消" ↶ 恢复它

（4）活动复选框：使用此复选框可指定要使用哪些脚本，仅执行活动脚本。如果将脚本组织到文件夹中，可以使用顶层文件夹旁边的"活动的"复选框快速打开和关闭脚本。

（5）事件视图："事件"视图显示与当前选定脚本关联的所有事件。可以使用"事件"视图定义、管理和测试事件，如图9-58所示。

图 9-58

图标含义见表9-6。

表 9-6

图标	用　　途
	添加开始事件
	添加计时器事件
	添加按键事件
	添加碰撞事件
	添加热点事件
	添加变量事件
	添加动画事件
	在"事件"视图中上移当前选定的事件
	在"事件"视图中下移当前选定的事件
	在"事件"视图中删除当前选定的事件

（6）关联菜单：在"事件"视图中单击鼠标右键将显示关联菜单。下列命令只要适用，就会显示在关联菜单上，见表9-7。

表 9-7

命令	用　　途
添加事件	用于选择要添加的事件
删除事件	删除当前选定的事件
上移	上移当前选定的事件

命　令	用　　途
下移	下移当前选定的事件
括号	用于选择括号。选项包括"（"、"）"和"无"
逻辑	用于选择逻辑运算符。选项包括"AND"和"OR"
测试逻辑	测试事件条件的有效性

（7）操作视图："操作"视图显示与当前选定脚本关联的动作，如图 9–59 所示。可以使用"操作"视图定义、管理和测试动作。

图 9–59

（8）图标含义见表 9–8。

表 9–8

图标	用　　途
▶	添加播放动画动作
■	添加停止动画动作
🎮	添加显示视点动作
⏸	添加暂停动作
⚠	添加发送消息动作
🔧	添加设置变量动作
📦	添加存储特性动作
📂	添加载入模型动作
⬆	在"动作"视图中上移当前选定的动作
⬇	在"动作"视图中下移当前选定的动作
⊗	删除当前选定的动作

（9）关联菜单：在"操作"视图中单击鼠标右键将显示关联菜单。下列命令只要适用，就会显示在关联菜单上，见表9-9。

表9-9

命令	用　　途
添加动作	用于选择要添加的动作
删除动作	删除当前选定的动作
测试动作	执行当前选定的动作
停止动作	停止执行当前选定的动作（在"测试动作"时）
上移	在"动作"视图中上移当前选定的动作
下移	在"动作"视图中下移当前选定的动作

（10）特性视图：显示当前选定的事件或动作的特性，如图9-60所示。使用"特性"视图可以配置脚本中事件和动作的行为。

图9-60

事件特性：当前在 Navisworks 中存在七种事件类型。添加事件时，"特性"视图将显示该事件类型的特性。可以立即或以后配置事件特性。

1）启动时触发：无需为该事件类型配置任何特性。

2）计时器触发：

① 间隔时间（秒）：定义计时器触发之间的时间长度（以秒为单位）。

② 规则性：指定事件频率。从以下选项选择：

a. 以下时间后一次：事件仅发生一次。使用此选项可创建一个在特定时间长度之后开始的事件。

b. 连续：以指定的时间间隔连续重复事件。例如，可以使用该选项模拟工厂机器的循环工作。

3）按键触发：

① 键：在此框中单击以输入按哪个键可以进行触发该事件，然后按键可将其链接到事件。

② 触发事件：定义触发事件的方式。从以下选项选择：

a. 释放键：按键并释放键后会触发事件。

b. 按下键：只要按下键就会触发事件。

c. 键已按下：按键时触发事件。该选项允许将按键事件与布尔运算符一起使用。例如，可以通过 AND 运算符使该事件与计时器事件一起使用。

4）碰撞触发：

发生冲突的选择：单击"设置"按钮，并使用关联菜单定义碰撞对象：

① 清除：清除当前选定的碰撞对象。

② 从当前选择设置：将碰撞对象设置为在"场景视图"中当前选择的对象（直到在"场景视图"中进行选择后，此选项才可用）。

③ 从当前选择集设置：将碰撞对象设置为当前搜索集或选择集。

④ 显示：这是一个只读框，其中显示了作为碰撞对象选择的几何图形对象的数量。

⑤ 包括重力效果：如果要在碰撞中包括重力，则选中该复选框。例如，如果使用该选项，则从楼板上走过时单击楼板会触发事件。

5）热点触发：

① 热点：定义热点类型。从以下选项选择：

a. 球体：基于空间中给定点的简单球体。

b. 选择的球体：围绕选择的球体。该选项不要求在空间中定义给定点。该热点将随选定对象在模型中的移动而移动。

② 触发时间：定义触发事件的方式。从以下选项选择：

a. 进入：在进入热点时触发事件。例如，该选项可用于开门。

b. 离开：离开热点时触发事件。例如，该选项可用于关门。

c. 范围：位于热点内部时触发事件。该选项允许将热点事件与布尔运算符一起使用。例如，可以通过 AND 运算符使该事件与计时器事件一起使用。

③ 热点类型：

a. 位置：热点的位置。如果选择的热点是"选择的球体"，则此特性不可用。

b. 拾取：用于拾取热点的位置。如果选择的热点是"选择的球体"，则此按钮不可用。单击"拾取"按钮，然后为"场景视图"中的热点单击一点。

c. 半径（m）：热点的半径。

6）变量触发：

① 变量：要计算的变量的字母数字名称。

② 值：要使用的操作数。输入要针对变量测试的值。或者，输入另一个变量的名称，它的值将针对变量中的值进行测试。将应用以下规则：

a. 如果输入数字（例如，0、400、5.3），则将该值视为数字值。如果该值有小数位，则浮点格式最多保留到用户定义的小数位。

b. 如果在单引号或双引号之间输入字母、数字、字符串（如'testing'或"hello"），则将该值视为字符串。

c. 如果输入的字母、数字、字符串没有单引号或双引号（如 counter1 或 testing），则将该值视为另一个变量。如果以前从未使用过该变量，则会为其指定数字值 0。

d. 如果输入了不带任何引号的单词 true 或 false，则将该值视为布尔值（true = 1，false = 0）。

③ 计算：用于变量比较的运算符。可以将以下任何一个运算符与数字和布尔值一起使用。

但比较字符串只限于"等于"和"不等于"运算符。

7）动画触发：

① 动画：选择触发事件的动画。如果 Navisworks 文件中没有任何对象动画，则该特性将不可用。

② 触发事件：定义触发事件的方式。从以下选项选择：

a. 开始：当动画开始时触发事件。

b. 结束：当动画结束时触发事件。这对将动画链接在一起很有用。

动作特性：当前在 Navisworks 中存在八种操作类型。添加动作时，"特性"视图将显示该动作类型的特性。可以立即或以后配置动作特性。

1）播放动画：

动画：选择要播放的动画。如果 Autodesk Navisworks 文件中没有任何对象动画，则该特性将不可用。

结束时暂停：如果希望动画在结束时停止，请选中该复选框。如果取消选中此复选框，动画将在结束时返回到起点。

开始时间：定义播放动画的开始位置。从以下选项选择：

① 开始：动画从开头正向播放。

② 结束：动画从结尾反向播放。

③ 当前位置：如果播放已经开始，则动画将从其当前位置播放。否则，动画将从开头正向播放。

④ 指定的时间：动画从"特定的开始时间（秒）"特性中定义的段播放。

结束位置：定义播放动画的结束位置。从以下选项选择：

① 开始：播放在动画开始时结束。

② 结束：播放在动画结束时结束。

③ 指定的时间：播放在"特定的结束时间（秒）"特性中定义的段处结束。

特定的开始时间（秒）：播放段的开始位置。

特定的结束时间（秒）：播放段的结束位置。

2）停止动画：

动画：选择要停止的动画。如果 Navisworks 文件中没有任何对象动画，则该特性将不可用。

重置为：定义已停止的动画的播放位置。从以下选项选择：

① 默认位置：将动画重置为其开始点。

② 当前位置：动画保持在停止的位置。

3）显示视点：

视点：选择视点或要显示的视点动画。如果 Navisworks 文件中没有任何视点，则该特性将不可用。

4）暂停：

延迟（秒）：定义脚本中的下一个动作运行之前时间的延迟量。

5）发送消息：

消息：定义要发送到在"选项编辑器"中定义的文本文件的消息。

6）设置变量：

变量名称：变量的字母数字名称。

值：要指定的操作数。

修饰符：变量的赋值运算符。可以将以下任何一个运算符与数字和布尔值一起使用。但字符串只能用于"设置等于"运算符。

7）存储特性：

要从中获取特性的选择：单击"设置"按钮，并使用关联菜单定义对象，这些对象用于从以下操作获取特性：

清除：清除当前选择。

从当前选择设置：将对象设置为在"场景视图"中当前选择的对象。（直到在"场景视图"中进行选择后，此选项才可用。）

从当前选择集设置：将对象设置为当前搜索集或选择集。

注意： 如果用户的选择包含某个对象层次，则会自动使用顶层对象的特性。例如，如果用户选择了一个名为"Wheel"的组，其中包含两个名为"Rim"和"Tire"的子组，则只能存储与"Wheel"相关的特性。

要设置的变量：要接收特性的变量的名称。

要存储的特性：

① 类别：特性类别。该下拉列表中的值取决于选定的对象。

② 特性：特性类型。该下拉列表中的值取决于选定的特性"类别"。

8）载入模型：

要载入的文件：指向将载入以替换当前文件的 Navisworks 文件的路径。如果要显示一组不同模型文件中包含的一组选定的动画场景，则可能会发现该选项很有用。

9.7.1　启动时触发脚本

（1）打开之前制作的卡车–皮卡移动动画，进入到 Scripter 脚本窗口，添加一个新的脚本，命名为启动时触发脚本，如图 9–61 所示。直接在新建脚本处命名时，经常会出现输入法问题，导致不能输入中文，这里可以在桌面上新建一个文本文档，在文本文档里输入想要修改后的名字，然后复制过去。

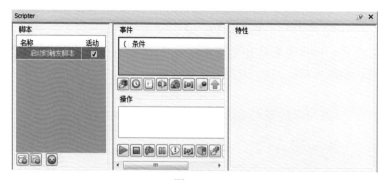

图 9–61

（2）在事件下添加条件，选择第一个启动时触发，如图 9–62 所示。

图 9-62

（3）在操作栏内添加第一个按钮：播放动画。可以看到右侧出现关于选择动画和设置动画开始时间和结束时间的选项，如图 9-63 所示。在动画后选择之前制作好的卡车-皮卡移动动画，设置如图 9-64 所示即可。

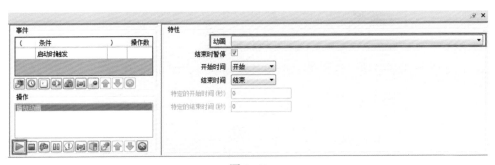

图 9-63

图 9-64

（4）进入到动画选项卡下，单击启用脚本，如图 9-65 所示，使用刚才的脚本，由于刚才设置的脚本是启动时触发，即单击启用脚本之后就可以看到动画被触发。这样一个脚本就制作好了，动画播放完成之后，可以将启用脚本关掉，再继续其他操作。

图 9-65

9.7.2　计时器触发脚本

（1）打开之前制作的卡车–皮卡移动动画，进入到 Scripter 脚本窗口，添加一个新的脚本，命名为计时器触发脚本，如图 9–66 所示。

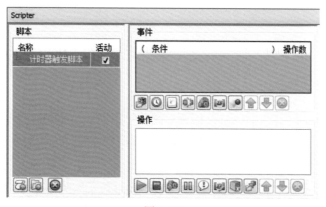

图 9–66

（2）在事件下添加条件，选择第二个计时器触发，如图 9–67 所示。

图 9–67

（3）添加计时器触发之后，设置一下后面的间隔时间，将间隔时间设置为 3s，规则性设置为以下时间后一次，即在 3s 后只触发一次操作，如图 9–68 所示。

图 9–68

（4）在操作栏内添加第一个按钮：播放动画。在动画后选择之前制作好的卡车–皮卡移动动画，修改一下特性栏如图 9–69 所示。

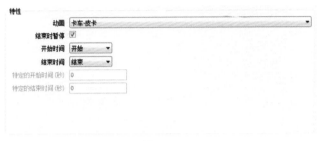

图 9–69

（5）进入到动画选项卡下，单击启用脚本，如图 9–70 所示，使用刚才的脚本，由于刚才设置的脚本是计时器触发，即单击启用脚本之后等待 3s 就可以看到动画被触发。这样一个计时器触发脚本就制作好了。

图 9–70

9.7.3　按键触发脚本

（1）打开之前制作的卡车–皮卡移动动画，进入到 Scripter 脚本窗口，添加一个新的脚本，命名为按键触发脚本，如图 9–71 所示。

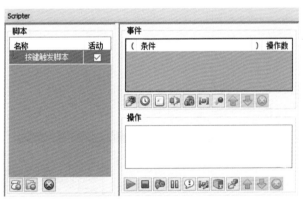

图 9–71

（2）在事件下添加条件，选择第三个按键触发，如图 9–72 所示。

（3）添加按键触发之后，设置一下后面的按键，在其输入框中输入 Q，如图 9–73 所示，即当按下键 Q 的时候启动这个事件，此处需要注意的是按下的键应避免与其他的快捷键重复，例如，如果此处输入的是 W，则会调出查看对象控制盘，如图 9–74 所示。

图 9-72

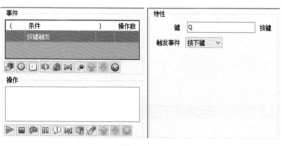

图 9-73   图 9-74

（4）在操作栏内添加第一个按钮：播放动画。在动画后选择之前制作好的卡车-皮卡移动动画，修改一下特性栏如图 9-75 所示。

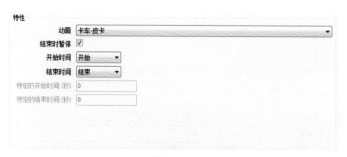

图 9-75

（5）进入到动画选项卡下，单击启用脚本，如图 9-76 所示，使用刚刚创建的脚本，按下 Q 键，可以观察到卡车皮卡的动画会被触发。

图 9-76

9.7.4 碰撞触发脚本

（1）打开之前制作的卡车-皮卡混合动画，进入到 Animator 窗口，将混凝土卡车和卡车-

皮卡的活动勾选掉，只修改观察第三个动画"车库门动画"，修改拖曳车库门的几个关键帧，让车库门动画能在第 0s 开始后就能播放，图 9-77 所示是修改到车库门开启 1s，停顿 1s，关闭 1s。

（2）进入到 Scripter 脚本窗口，新建一个脚本命名为"碰撞触发脚本"，在事件栏中添加条件，选择第四个按钮"碰撞触发"，如图 9-78 所示。

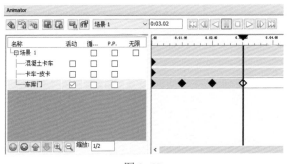

图 9-77

图 9-78

（3）单击保存的视点窗口，进入到车库门视点，选择车库门，如图 9-79 所示，在"发生冲突的选择"后的"设置"处单击，在弹出的关联菜单中选择"从当前选择设置"，即将车库门设置为冲突选择的对象，等一下当第三人碰撞车库门的时候会触发事件。设置完成之后，设置后面会出现"显示（1 个部件）"，如图 9-80 所示（"包括重力效果"的用处在于，当碰撞设置为一块楼板时，第三人走过该楼板就会触发设置的问题）。

图 9-79

图 9-80

（4）在操作栏内添加第一个按钮：播放动画。在"动画"后选择刚刚修改好的"车库门"动画，修改一下特性栏如图9-81所示。

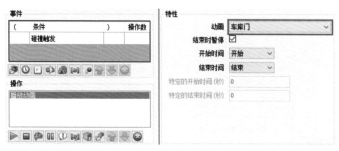

图9-81

（5）进入到动画选项卡下，单击启用脚本，如图9-82所示。

图9-82

（6）进入到"视点"选项卡下，单击使用"漫游"命令，并调出第三人，开启"碰撞""重力""蹲伏"效果，如图9-83所示。进入"碰撞"编辑中，修改相应参数如图9-84所示。调整视角如图9-85所示，并将该视点保存一下，避免后期重复调整视点。

图9-83

图9-84

（7）在漫游状态下，向前移动建筑工人，直到建筑工人与车库门发生碰撞，在碰撞的时候可以发现车库门动画会被激活，即说明制作的脚本动画是起作用的，当建筑工人碰撞到车库门的时候启动动画。如果用户感觉车库门动画的运行动作太快，可以回到第一步中调整车库门的关键帧所在时间来满足用户的需求，也可配合着其他的动画共同使用，例如，利用碰撞做开门动画，利用按键让车库门关闭。

图 9-85

9.7.5 热点触发脚本

（1）本节利用热点触发脚本制作一个进入车库门 2m 范围车库门打开,离开车库门 2m 范围车库门关闭的动画效果。

打开上一节制作的碰撞触发脚本动画,默认进入碰撞触发脚本动画视点中。进入 Animator 窗口,拖曳修改车库门的关键帧,将第三个和第四个关键帧删除,修改到车库门从第 0s 处开始动作,第 3s 处结束动作,即车库门打开花费 3s,如图 9-86 所示。

图 9-86

（2）进入 Scripter 脚本窗口,新建一个脚本命名为"热点触发脚本",在事件栏中添加条件,选择第五个按钮"热点触发",如图 9-87 所示。

图 9-87

（3）在特性窗口中,修改"拾取",如图 9-88 所示。单击"拾取"之后,进入场景视图中单击下车库门的右下角,如图 9–89 所示,如果感觉单击车库门不方便,可以先回到 Animator 中将时间框中输入 0,回到第 0s 时的显示状态,方便用户选择车库门的右下角,如图 9–90 所示。将半径后面默认的 0.305 修改为 2,此处为建筑工人走进车库门右下角的 2m 范围内触发事件。

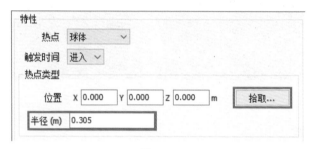

图 9–88

图 9–89

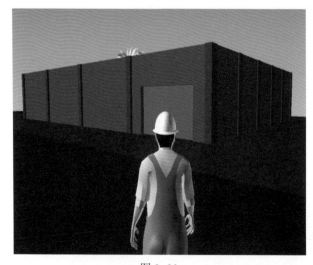

图 9–90

（4）在操作栏内添加第一个按钮：播放动画。在动画后选择刚刚修改好的车库门动画，修改一下特性栏，如图 9-91 所示。

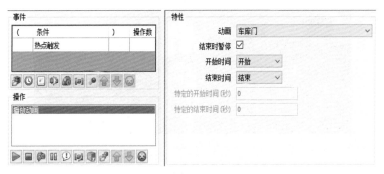

图 9-91

（5）再创建一个脚本命名为"热点触发脚本二"，在事件栏中添加条件，选择第五个按钮"热点触发"，如图 9-92 所示。在热点触发后的特性窗口中的拾取和半径设置与上面的操作是一样的，不同的是将触发时间后的选项设置为离开，如图 9-93 所示。

图 9-92

图 9-93

（6）在操作栏内添加第一个按钮：播放动画。在动画后选择刚刚修改好的车库门动画，修改一下特性栏如图 9-94 所示，将开门动画倒着播放，实现关门的效果。

（7）进入动画选项卡下，单击启用脚本，如图 9-95 所示。

图 9-94

图 9-95

（8）进入碰撞触发脚本视点，开启漫游，如图 9-96 所示，向前移动建筑工人，当建筑工人走到车库门 2m 范围的时候可以看到车库门的打开，当建筑工人离开车库门 2m 范围的时候可以看到车库门的关闭，即模拟了一个可以自动开关的车库门效果。

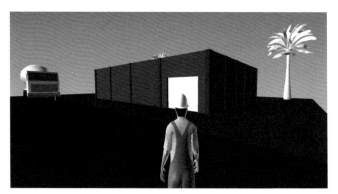

图 9-96

9.7.6 变量触发脚本

变量触发动画，需要设置变量，当变量达到用户设置的某个值后，触发下面添加的操作，该脚本理解起来较为晦涩，用户还是根据自己的理解合理地使用该脚本。这里以一个简单的变量触发车库开门动画。

（1）首先创建一个"启动时触发脚本"，然后在下面的"操作"中添加"存储特性"，如图 9-97 所示。

（2）可以看到在后面的特性栏中需要添加选择的对象，如图 9-98 所示，选择车库门这个构件，但是在选择的时候需要注意选择的精度，如图 9-99 所示。因为选择的精度不同，特性栏中出现的特性也是不同的。将精度调整到最高层级的对象时，特性栏中出现"Revit 类型"＞"成本"＞"0.00"这个属性，如图 9-100 所示，就利用这个属性值的变化控制动画的开启。

图 9-97

图 9-98

图 9-99

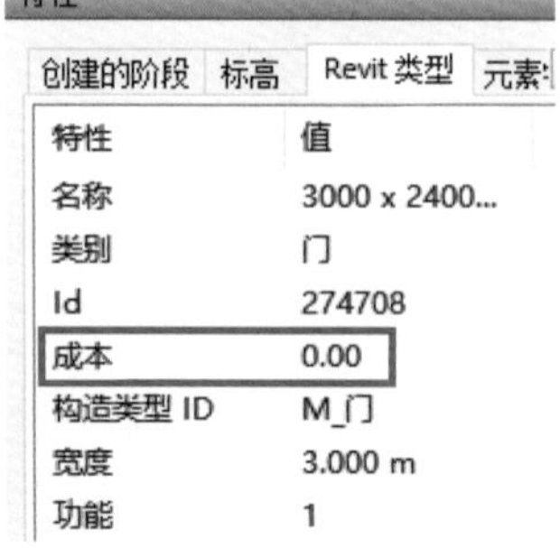

图 9-100

（3）调整精度后，选择车库门。单击"要从获取特性的选择"后的"设置"出现关联菜单，选择从当前选择设置，将车库门设置作为变量的主体。下面的选项依次输入"成本""Revit类型""成本"，如图 9–101 所示。

图 9–101

（4）添加新的脚本，选择"计时器触发"，如图 9–102 所示，设置间隔时间为 2s，规则性为"连续"，即每过 2s 触发一次下面的操作，如图 9–103 所示。

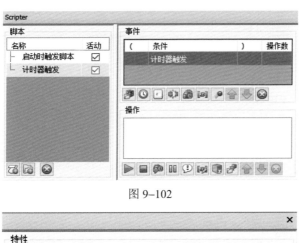

图 9–102

图 9–103

（5）在下面的操作窗口中添加"设置变量"，在后面的特性栏中依次输入"成本""2""增量"，如图 9–104 所示。变量名称保持一致都为"成本"，值为"2"，"增量"即增加 2，与上面的计时器触发配合起来就是每过 2s，成本的值增加 2。

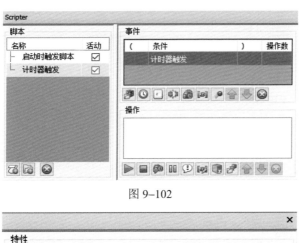

图 9–104

（6）添加新的脚本，选择"变量触发"，如图 9-105 所示。在变量触发后的特性栏中依次输入"成本""10""等于"，如图 9-106 所示，即当成本这个变量值等于 10 的时候会触发下面的操作。

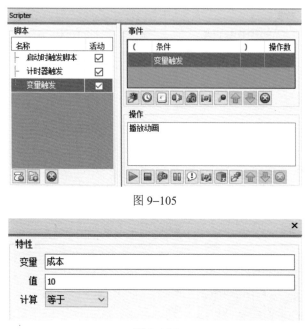

图 9-105

图 9-106

（7）最后在操作栏内添加第一个按钮：播放动画。在动画后选择"车库门"动画，修改一下特性栏，如图 9-107 所示。

图 9-107

（8）当添加完这三个脚本动画之后，启动脚本之后，即触发启动时触发，开始储存车库门里面的成本特性，默认该值为 0，与此同时会启动计时器触发，每过 2s 成本增加 2，直到达到第三个脚本的当成本值等于 10 之后，会启动车库门动画，即需要 10s 钟的时间。这样一个变量触发的脚本动画就制作完成了。

9.7.7 动画触发脚本

（1）最后一个脚本是动画触发，需要先播放第一个动画之后，再触发下一个动画。回到

Animator 动画窗口中勾选混凝土卡车和卡车–皮卡后的活动，将车库门的活动关闭，如图 9–108 所示。

（2）添加新的脚本，命名为"启动时触发"，在事件中添加"启动时触发"，如图 9–109 所示。

图 9–108

图 9–109

（3）操作栏内添加第一个按钮：播放动画。在动画后选择"卡车–皮卡"动画，修改一下特性栏，如图 9–110 所示。

（4）添加新的脚本，命名为"动画触发"，如图 9–111 所示，在"动画触发"的特性栏后面设置动画为"卡车–皮卡"，触发事件为结束，如图 9–112 所示，即当"卡车–皮卡"的动画结束之后启动下一个操作。

图 9–110

图 9–111

图 9–112

（5）在下一个操作里添加"播放动画"，播放混凝土卡车动画，设置如图 9–113 和图 9–114 所示。

（6）启用脚本后，可以观察到先是"卡车–皮卡"的动画播放，当"卡车–皮卡"的动画播放完成之后，再进行"混凝土卡车"动画的播放。

至此，几个脚本动画就已经讲解完毕了。这里只是比较简单地讲解一下，用户可以根据自己的需求，多个脚本配合，创造出一系列的脚本，满足在现实应用中多种多样的需求。

图 9-113

图 9-114

第 10 章　TimeLiner 施工模拟

10.1　TimeLiner 工具概述

TimeLiner 工具有以下几个功能：

（1）可以将三维模型链接到外部施工进度，以进行可视四维规划。

（2）可以向 Navisworks 中添加四维进度模拟。

（3）从各种来源导入进度，接着可以使用模型中的对象链接进度中的任务以创建四维模拟。这使用户能够看到进度在模型上的效果，并将计划日期与实际日期相比较。

（4）还能够基于模拟的结果导出图像和动画。

（5）如果模型或进度更改，TimeLiner 将自动更新模拟。可以将 TimeLiner 功能与其他 Navisworks 工具结合使用。

通过将 TimeLiner 和对象动画链接在一起，可以根据项目任务的开始时间和持续时间触发对象移动并安排其进度，且可以帮助用户进行工作空间和过程规划。例如，TimeLiner 序列可能指示当特定施工现场起重机在特定下午从其起点移动到终点时，在附近工作的工作小组会阻塞其行进路线。可以在起重机赶到现场之前解决这个潜在的阻塞问题（例如，可以沿其他路线移动起重机、工作小组让出道路或改变项目进度）。

将 TimeLiner 和 Clash Detective 链接在一起，可以对项目进行基于时间的碰撞检查。将 TimeLiner、对象动画和 Clash Detective 链接在一起，可以对完全动画化的 TimeLiner 进度进行碰撞检测。因此，假设要确保正在移动的起重机不会与工作小组碰撞，可以运行一个 Clash Detective 测试，而不必以可视方式检查 TimeLiner 序列。

10.2　TimeLiner 任务

通过"任务"选项卡可以创建和管理项目任务。该选项卡显示进度中以表格格式列出的所有任务。可以使用该选项卡右侧和底部的滚动条浏览任务记录，如图 10-1 所示。

图 10-1

1．任务视图

任务显示在包含多列的表格中，通过此表格可以灵活地显示记录。可以执行以下操作：

移动列或调整其大小（直接拖曳列后的短竖线可以调整列的大小，直接拖曳列可以将列进行移动位置）。

按升序或降序顺序对列数据进行排序（在列标题处单击右键可设置按升序排序还是按降序排序）。

2．任务层次结构

从数据源（例如 Microsoft Project）导入时，TimeLiner 支持分层任务结构。分别单击任务左侧的加号或减号可以展开或收拢层次结构，如图 10-2 所示。

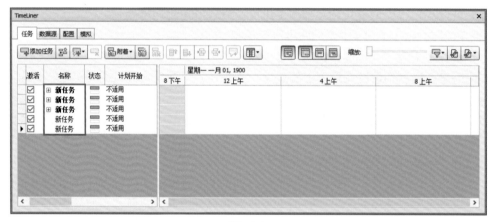

图 10-2

3．状态图标

每个任务都使用图标来标识自己的状态。会为每个任务绘制两个单独的条，显示计划与当前的关系。颜色用于区分任务的最早（蓝色）、按时（绿色）、最晚（红色）和计划（灰色）部分，如图 10-3 所示。圆点标记计划开始日期和计划结束日期。

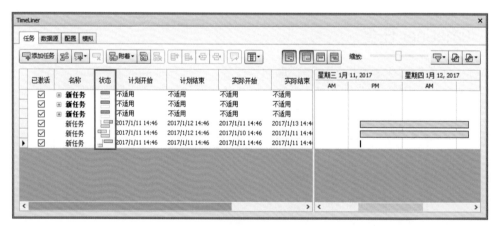

图 10-3

将鼠标指针放置在状态图标上会显示工具提示，说明任务状态。

（1）在计划开始之前完成。

178

（2）![icon]早开始，早完成。

（3）![icon]早开始，按时完成。

（4）![icon]早开始，晚完成。

（5）![icon]按时开始，早完成。

（6）![icon]按时开始，按时完成。

（7）![icon]按时开始，晚完成。

（8）![icon]晚开始，早完成。

（9）![icon]晚开始，按时完成。

（10）![icon]晚开始，晚完成。

（11）![icon]在计划完成之后开始。

（12）![icon]没有比较。

4. 已激活复选框

"已激活"列中的复选框可用于打开/关闭任务。如果任务已关闭，则模拟中将不再显示此任务。对于分层任务，关闭上级任务会使所有下级任务自动关闭。

5. 任务按钮

（1）添加任务![icon]："添加任务"按钮可在任务列表的底部添加新任务。

（2）插入任务![icon]："插入任务"按钮可在"任务"视图中当前选定的任务上方插入新任务。

（3）自动添加任务![icon]："自动添加任务"按钮可为每个最高层、最上面的项目或每个搜索和选择集自动添加任务。

（4）删除任务![icon]："删除任务"按钮可在"任务"视图中删除当前选定的任务（通过 Ctrl 键加选或 Shift 键多选删除）。

（5）附着![icon]："附着"按钮可以：

① 附着当前选择：将场景中的当前选定项目附着到选定任务。

② 附加当前搜索：将当前搜索选择的所有项目附加到选定任务。

③ 附加当前选择：将场景中当前选定项目附加到已附着到选定任务的项目。

（6）使用规则自动附着![icon]："使用规则自动附着"按钮可打开"TimeLiner 规则"对话框，从中可以创建、编辑和应用自动将模型几何图形附着到任务的规则。

（7）清除附加对象![icon]："清除附加对象"按钮可从选定的任务拆离模型几何图形。

（8）查找项目![icon]："查找项目"按钮可基于用户从下拉列表中选择的搜索条件在进度中查找项目。可以在"选项编辑器"（"工具">"TimeLiner">"启用查找"复选框）中启用/禁用此选项。

（9）上移![icon]："上移"按钮可在任务列表中将选定任务向上移动。任务只能在其当前的层次级别内移动。

（10）下移![icon]："下移"按钮可在任务列表中将选定任务向下移动。任务只能在其当前的层次级别内移动。

（11）降级![icon]："降级"按钮可在任务层次中将选定任务降低一个级别。

（12）升级![icon]："升级"按钮可在任务层次中将选定任务提高一个级别。

（13）添加注释![icon]："添加注释"按钮可向任务中添加注释。有关详细信息，请参见使用注释、红线批注和标记。

（14）列![列按钮]：通过"列"按钮，可以从三种预定义列集合（"基本""标准"或"扩展"）中选择一种显示在"任务"视图中，也可以在"选择 TimeLiner 列"对话框中创建自定义列集合，方法是单击"选择列"，在设置首选列集合后选择"自定义"。

（15）按状态过滤![按状态过滤按钮]："按状态过滤"按钮可基于任务的状态过滤任务。过滤某个任务会在"任务"视图和"甘特图"视图中临时隐藏该任务，但不会对基础数据结构进行任何更改。

（16）导出进度![导出进度按钮]："导出进度"按钮可将 TimeLiner 进度导出为 CSV 或 Microsoft Project XML 文件。

6. "甘特图"视图

甘特图显示一个说明项目状态的彩色条形图。每个任务占据一行。水平轴表示项目的时间范围（可分解为增量，如天、周、月和年），而垂直轴表示项目任务。任务可以按顺序运行，以并行方式或重叠方式。

可以将任务拖动到不同的日期，也可以单击并拖动任务的任一端来延长或缩短其持续时间。所有更改都会自动更新到"任务"视图中。

7. 甘特图按钮

显示日期：使用"显示日期"下拉菜单可以在"当前"甘特图、"计划"甘特图和"计划与当前"甘特图之间切换。

（1）显示/隐藏甘特图![显示/隐藏甘特图按钮]：单击"显示/隐藏甘特图"按钮可显示或隐藏甘特图。

（2）显示计划日期![显示计划日期按钮]：单击"显示计划日期"按钮可在甘特图中显示计划日期。

（3）显示实际日期![显示实际日期按钮]：单击"显示实际日期"按钮可在甘特图中显示实际日期。

（4）显示计划日期与实际日期![显示计划日期与实际日期按钮]：单击"显示计划日期与实际日期"按钮可在甘特图中显示计划日期与实际日期。

缩放滑块：使用"缩放"滑块可以调整显示的甘特图的分辨率。最左边的位置选择时间轴中最小可用的增量（例如，天）；最右边的位置选择时间轴中最大可用的增量（例如，年）。

10.3　TimeLiner 数据源

通过"数据源"选项卡，可从第三方进度安排软件（如 Microsoft Project、Asta 和 Primavera）中导入任务，如图 10-4 所示。其中显示所有添加的数据源，以表格格式列出。

图 10-4

数据源显示在多列的表中。这些列会显示名称、源（例如 Microsoft Project）和项目（例如 my_schedule.mpp）。任何其他列（可能没有）标识外部进度中的字段，这些字段指定了每个已导入任务的任务类型、唯一 ID、开始日期和结束日期。

1. 数据源按钮

（1）添加：创建到外部项目文件的新连接。单击此按钮将显示一个菜单，该菜单列出了当前计算机上所有可能连接的项目源。

（2）删除：删除当前选定的数据源。如果在将数据源删除之前刷新了数据源，则从该数据源读取的所有任务和数据都将保留在"任务"选项卡中。

（3）刷新：显示"从数据源刷新"对话框，从中可以刷新选定数据源。

2. 关联菜单

在选项卡上的数据源区域中单击鼠标右键，将打开一个关联菜单，如图 10–5 所示，用户可以通过该菜单来管理数据源。

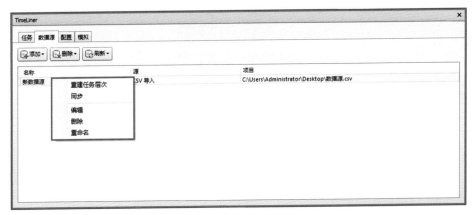

图 10–5

（1）重建任务层次：从选定数据源中读取所有任务和关联数据（如"字段选择器"对话框中所定义），并将其添加到"任务"选项卡。选择此选项还会在新任务添加到选定项目文件后与该项目文件同步。此操作将在 TimeLiner 中重建包含所有最新任务和数据的任务层次结构。

（2）同步：使用选定数据源中的最新关联数据（如开始日期和结束日期）更新"任务"选项卡中的所有现有任务。

（3）删除：删除当前选定的数据源。如果在将数据源删除之前刷新了数据源，则从该数据源读取的所有任务和数据都将保留在"任务"选项卡中。

（4）编辑：用于编辑选定数据源。选择此选项将显示"字段选择器"对话框，从中可以定义新字段或重新定义现有字段。

（5）删除：删除选定数据源。

（6）重命名：用于将数据源重命名为更合适的名称。当文本字段高亮显示时，输入新名称，然后按 Enter 键保存它。

注意：如果数据源中的任务不同时包含开始日期和结束日期，或者开始日期小于或等于结束日期，则将忽略这些任务。

3. "字段选择器"对话框

"字段选择器"对话框确定从外部项目进度导入数据时使用的各种选项。每种类型数据源对应的可用选项可能不同。

用于从外部进度安排软件导入数据的"字段选择器"对话框，如图 10-6 所示。

用于导入 CSV 数据的"字段选择器"对话框，如图 10-7 所示。

图 10-6

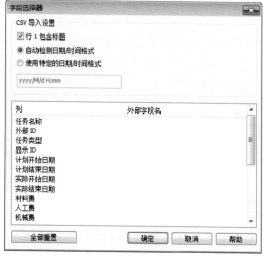
图 10-7

（1）CSV 导入设置。

1）行 1 包含标题：如果要将 CSV 文件中的第一行数据视为列标题，请选中"行 1 包含标题"复选框。TimeLiner 将使用它填充轴网中的"外部字段名"选项。如果 CSV 文件中的第一行数据不包含列标题，请清除此复选框。

2）自动检测日期/时间格式：如果希望 TimeLiner 尝试确定在 CSV 文件中使用的日期/时间格式，请选中"自动检测日期/时间格式"选项。首先，TimeLiner 应用一组规则以尝试建立文档中使用的日期/时间格式；如果无法建立，则将使用系统上的本地设置。

3）使用特定的日期/时间格式：如果要手动指定应使用的日期/时间格式，请选中"使用特定的日期/时间格式"选项。选中此单选按钮后，可以在提供的框中输入所需的格式。请参见下面的有效日期/时间代码列表。

注意：如果发现在一个或多个基于日期/时间的列包含的字段中，无法使用手动指定的格式将其数据映射到有效的日期/时间值，则 TimeLiner 将"后退"并尝试使用自动的日期/时间格式。

4）字段映射轴网：字段映射轴网是这样一种轴网，其左列包含来自当前 TimeLiner 进度的所有列，其右列包含许多下拉菜单，通过这些菜单可以将传入的字段映射到 TimeLiner 列。

注意：如果选中"行 1 包含标题"，则从 CSV 文件导入数据时，轴网的"外部字段名"列将显示 CSV 文件第一行中的数据。否则，它将默认为"列 A""列 B"等。

5）任务名称：在导入 CSV 数据时，将显示此必需字段。如果不映射此字段，将收到一条错误消息。

6）同步 ID：此字段用于唯一标识每个已导入的任务，即使对进度安排软件中的外部进度进行了主要更改，这也会使同步起作用。默认行为是针对每个源使用最适当的字段。某些源没有明确的唯一 ID，在这种情况下可能需要手动选择字段。

注意：必须为所有数据源映射"同步 ID"。如果未在"字段选择器"对话框中手动执行此操作，则将由外部项目进度安排软件自动进行映射。如果从 CSV 文件导入数据，则必须手动映射"同步 ID"。在 CSV 文件中应该有一个包含唯一数据（例如递增编号）的列，并将其映射到该字段。此唯一数据在针对 CSV 文件中的行进行设置后必须保持不变，用户才可以重建和同步数据源链接。

7）任务类型：此字段用于为每个已导入的任务自动指定任务类型。

注意：在"配置"选项卡中添加新任务类型必须在从外部项目进度中导入数据之前进行，这样才能在导入过程中识别这些任务类型。

8）显示 ID：在导入 CSV 数据时，将显示此字段。如果在外部进度安排软件中存在显示 ID，则数据源插件可能会自动映射该 ID，但当导入 CSV 时，该字段必须手动映射。它不是必填字段。映射到"显示 ID"的字段可以自动显示在"任务"选项卡中的"显示 ID"列中，也可以通过手动方式使其显示在该列中。

9）计划开始日期：此字段用于标识计划的开始日期。这使得可以对比和模拟计划日期与实际日期的差异。

10）计划结束日期：此字段用于标识计划的结束日期。这使得可以对比和模拟计划日期与实际日期的差异。

11）实际开始日期：某些项目源支持多个用于不同目的的开始日期。默认行为是针对每个源使用最适当的可用日期。如果"实际开始"日期与默认情况下选择的日期不同，则可以使用该字段定义一个实际开始日期。

12）实际结束日期：某些项目源支持多个用于不同目的的结束日期。默认行为是针对每个源使用最适当的可用日期。如果"实际结束"日期与默认情况下选择的日期不同，则可以使用该字段定义一个实际结束日期。

13）材料费：此字段用于为每个导入的任务自动指定材料费。

14）人工费：此字段用于为每个导入的任务自动指定人工费。

15）机械费：此字段用于为每个导入的任务自动指定机械费。

16）分包商费用：此字段用于为每个导入的任务自动指定分包商费用。

17）用户 1 至 10：可以使用十个用户字段链接项目源中的任何自定义数据字段。

18）"全部重置"按钮：使用此按钮可以清除所有列映射，还将 CSV 导入设置重置为其默认值（如果适用）。

19）有效的日期/时间代码：

d，%d：一月中的第几日。一位数的日期没有前导零。

dd：一月中的第几日。一位数的日期具有前导零。

Ddd：缩写的日名称。

Dddd：完整的日名称。

M，%M：以数字表示的月份。一位数的月份没有前导零。

MM：以数字表示的月份。一位数的月份名称具有前导零。

MMM：缩写的月名称。

MMMM：完整的月名称。

y，%y：不带世纪的年份。如果小于 10，则将没有前导零。

yy：不带世纪的年份。如果小于 10，则将有前导零。

yyyy：以四位数字表示的年份，包括世纪。

h，%h：小时（12 小时制）。一位数的小时数没有前导零。

hh：小时（12 小时制）。一位数的小时数具有前导零。

H：小时（24 小时制）。一位数的小时数没有前导零。

HH：小时（24 小时制）。一位数的小时数具有前导零。

m，%m：分。一位数的分钟数没有前导零。

mm：分。一位数的分钟数具有前导零。

s，%s：秒。一位数的秒数没有前导零。

ss：秒。一位数的秒数具有前导零。

t，%t：AM/PM 标识符的第一个字符（如果有）。

Tt：AM/PM 标识符（如果有）。

Z：GMT 时区偏移（"+" 或 "–" 后仅跟小时）。一位数的小时数没有前导零。

Zz：时区偏移。一位数的小时数具有前导零。

Zzz：完整的时区偏移，以小时和分钟表示。一位数的小时数和分钟数具有前导零。例如，"–8:00"。

（2）"TimeLiner"支持多种进度安排软件，如图 10–8 所示。

注意：只有安装了相关的进度安排软件后，其中的某些进度安排软件才会起作用。

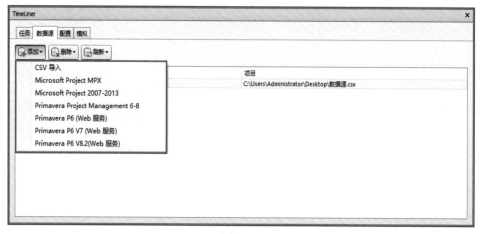

图 10–8

注意：Navisworks TimeLiner 可以使用 Navisworks.NET API 支持第三方数据源，并且为 MS Project、CSV 和 Primavera 格式提供 Windows 8 支持。Navisworks 任何用户均可开发对新数据源的支持功能有关进一步的指导，请参见 API 文档。

1）Microsoft Project MPX：TimeLiner 可以直接读取 Microsoft Project MPX 文件，而无需安装一份 Microsoft Project™（或任何其他进度安排软件）。Primavera SureTrak、Primavera

Project Planner 和 Asta Power Project™都可以导出 MPX 文件。

注意：Primavera SureTrak 在 MPX 文件的"文本 10"字段（而非唯--ID 字段）中导出它的唯一 ID。链接到从 SureTrak 导出的 MPX 文件时，请确保在"字段选择器"对话框中将 text10 字段指定为唯一 ID 字段。

2）Microsoft Project 2007–2013：此数据源要求已安装 Microsoft Project 2007 至 Microsoft Project 2013。

3）Primavera Project Management 6–8：此数据源要求与 Navisworks 一起安装以下元素：Primavera Project Management（PPM）6–8 产品、ActiveX Data Objects 2.1 Primavera Software Development Kit（在 Primavera CD 上提供），由于 PPM 6–8 是数据库驱动的，因此需要安装 Software Development Kit，以便设置 ODBC 数据源链接。可以通过执行下列步骤从 Project Management CD 中安装和设置该链接：

插入 Project Management CD，输入产品密钥并接受许可协议。

确保选择"Primavera 应用程序或组件"，然后单击"下一个"。

选择"其他组件"，然后单击"下一个"。

选择"软件开发套件"，然后单击"下一个"。

继续单击"下一个"，直到安装开始。

安装完成后，请单击"确定"，以启动"数据库配置"向导。

在"软件开发套件设置"对话框中相应地调整设置，然后单击"确定"。

对于日志文件，单击"是"，然后单击"完成"完成操作。

在连接到 TimeLiner 中的 PPM 6–8 时，可以在登录对话框中选中源链接（如果不存在源链接，将出现警告）。如果用户名和密码未存储在 Navisworks 文件中，则每次登录时都会提示用户进行输入。

连接后将显示一个对话框，用户可以从中选择要打开的项目。复选框确定是否打开所有子项目。TimeLiner 层次结构支持项目/活动层次结构的 WBS 结构。

注意：由于从本质上讲，Primavera Project Manager 6 产品使用 SDK 进行数据访问，因此使用 TimeLiner 导入数据所需的时间可能比其他格式所需的时间要长。

4）Primavera P6（Web 服务）V6–V8.2：访问 Primavera P6 Web 服务功能可极大地缩短使 TimeLiner 进度和 Primavera 进度同步所花费的时间。

此数据源要求用户设置 Primavera Web 服务器。请参考 Primavera P6 Web Server Administrator Guide（《Primavera P6 Web 服务器管理指南》）（在 Primavera 文档中提供）。

10.4　TimeLiner 配置

通过"配置"选项卡可以设置任务参数，例如任务类型、任务的外观定义以及模拟开始时的默认模型外观，如图 10–9 所示。

（1）任务类型：任务类型显示在多列的表中。如有必要，可以移动表的列以及调整其大小。

注意：可以双击"名称"列来重命名任务类型，或双击任何其他列来更改任务类型的外观。

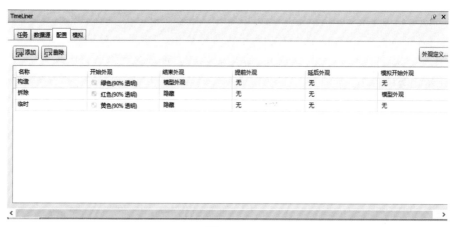

图 10-9

（2）TimeLiner 附带有三种预定义的任务类型：

1）构造：适用于要在其中构建附加项目的任务。默认情况下，在模拟过程中，对象将在任务开始时以绿色高亮显示并在任务结束时重置为模型外观。

2）拆除：适用于要在其中拆除附加项目的任务。默认情况下，在模拟过程中，对象将在任务开始时以红色高亮显示并在任务结束时隐藏。

3）临时：适用于其中的附加项目仅为临时的任务。默认情况下，在模拟过程中，对象将在任务开始时以黄色高亮显示并在任务结束时隐藏。

（3）添加：添加一个新的任务类型。删除：删除选定的任务类型。

（4）每个任务都有一个与之相关的任务类型，任务类型指定了模拟过程中如何在任务的开头和结尾处理（和显示）附加到任务的项目。可用选项包括：

1）无：附加到任务的项目将不会更改。

2）隐藏：附加到任务的项目将被隐藏。

3）模型外观：附加到任务的项目将按照它们在模型中的定义进行显示。如果在 Navisworks 中应用了颜色和透明度替换，将显示它们。

4）外观定义：用于从"外观定义"列表中进行选择，包括十个预定义的外观和已添加的任何自定义外观。

（5）外观定义：打开"外观定义"对话框，如图 10-10 所示。在其中可以设置和更改外观定义。TimeLiner 附带一个由十个预定义的外观定义组成的外观定义集，可用于配置任务类型。外观定义了透明度级别和颜色，名称指定了外观定义名称。单击名称以根据需要对其进行更改。颜色指定了外观定义颜色，单击颜色以根

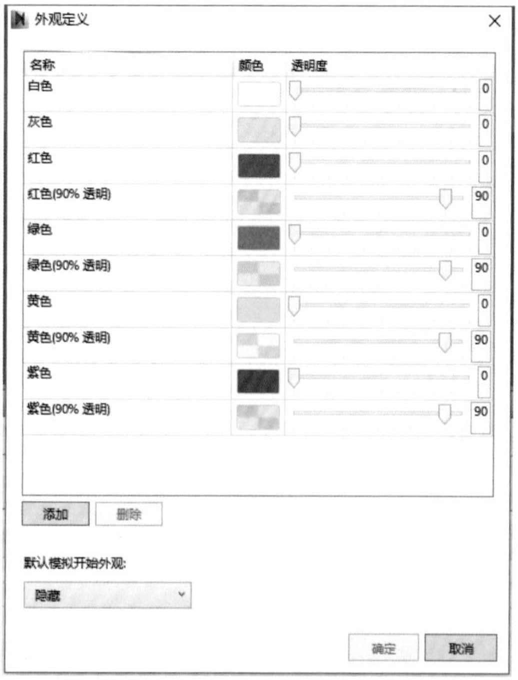

图 10-10

186

据需要对其进行更改。透明度指定了外观定义透明度，使用滑块或者输入值以根据需要更改透明度。单击添加该选项以添加外观定义，单击删除该选项以删除当前选定的外观定义。默认模拟开始外观指定了要在模拟开始时应用于模型中所有对象的默认外观。默认值为"隐藏"，该值适合于模拟大多数构建序列。

10.5　TimeLiner 模拟

通过"模拟"选项卡可以在项目进度的整个持续时间内模拟 TimeLiner 序列，如图 10-11 所示。

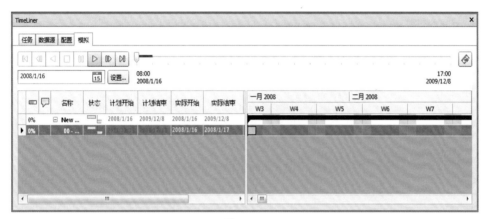

图 10-11

（1）播放控件：可使用标准 VCR 按钮正向和反向播放模拟：

① "回放" ⊞：将模拟倒回到开头。

② "上一帧" ⊡：将后退一个步长。

③ "反向播放" ⊲：将反向播放模拟。

④ "停止" □：将停止播放模拟，并倒回到开头。

⑤ "暂停" ⊞：将使模拟在用户按下该按钮时暂停。然后可以环视和询问模型，或使模拟前进和后退。要从暂停位置继续播放，只需再次按"播放"按钮即可。

⑥ "播放" ▷：将从当前选定时间开始播放模拟。

⑦ "下一帧" ⊡：将前进一个步长。

⑧ "前进" ⊠：将模拟快进到结尾。

（2）可以使用"模拟位置"滑块快进和快退模拟，如图 10-12 所示。最左侧为开头，最右侧为结尾。

图 10-12

（3）VCR 按钮旁边的"日期/时间"框显示模拟过程中的时间点。可以单击日期右侧的下拉图标以显示日历，可以从中选择要"跳转"到的日期。

（4）"导出动画"按钮可打开"导出动画"对话框，以便于用户将 TimeLiner 动画导出为 AVI 文件或一系列图像文件。

（5）任务视图：所有活动任务均显示在一个由多个列构成的表中。如有必要，可以移动表的列以及调整其大小。

可以查看每个活动任务的当前模拟时间，以及距离完成还有多久（"进度"以百分比形式显示）。每个活动任务的"状态"还会显示为图标。对于计划日期和实际日期可用的模拟，此状态提供了有关计划日期与实际日期是否不同的可视表示。

（6）"甘特图"视图：甘特图显示一个说明项目状态的彩色条形图。每个任务占据一行。水平轴表示项目的时间范围（可分解为增量，如天、周、月和年），而垂直轴表示项目任务。任务可以按顺序运行，以并行方式或重叠方式。

可见范围（缩放）级别由"模拟设置"对话框中的"时间间隔大小"选项确定。

（7）"设置"按钮：单击"设置"按钮可打开"模拟设置"对话框，如图 10–13 所示。以便于用户定义计划模拟方式。

图 10–13

可以替代运行模拟的开始日期和结束日期。选中"替代开始/结束日期"复选框可启用日期框，用户可以从中选择开始日期和结束日期。通过执行此操作，可以模拟整个项目的较小的子部分。日期将显示在"模拟"选项卡中。这些日期也将在导出动画时使用。

可以定义要在使用播放控件执行模拟时使用的"时间间隔大小"。时间间隔大小既可以设置为整个模拟持续时间的百分比，也可以设置为绝对的天数或周数等。

使用下拉列表选择间隔单位，然后使用上箭头按钮和下箭头按钮增加或减小间隔大小，如图 10–14 所示。

还可以高亮显示间隔中正在处理的所有任务。通过选中"以时间间隔显示全部任务"复选框并假设将"时间间隔大小"设置为 5 天，会将此 5 天之内所有已处理的任务（包括在时间间隔范围内开始和结束的

图 10–14

任务）设置为它们在"场景视图"中的"开始外观"。"模拟"滑块将通过在滑块下绘制一条蓝线来显示此操作。如果取消选中此复选框，则在时间间隔范围内开始和结束的任务不会以此种方式高亮显示，并且需要与当前日期重叠才可在"场景视图"中高亮显示。

可以定义整个模拟的总体"重放时间"（从模拟开始一直播放到模拟结束所需的时间）。使用向上和向下箭头按钮可以增加或减少持续时间（以秒为单位）。还可以直接在此字段中输入持续时间。

可以定义是否应在"场景视图"中覆盖当前模拟日期，以及覆盖后此日期是应显示在屏幕的顶部还是底部。从下拉列表中选择"无"（不显示覆盖文字）、"顶部"（在窗口顶部显示文字）或"底部"（在窗口底部显示文字）。

可以使用"覆盖文本"对话框来编辑覆盖文字中显示的信息，如图 10-15 所示。还可以通过单击此对话框中包含的"字体"按钮更改"字体""字形"和"字号"。

可以向整个进度中添加动画，如图 10-16 所示。以便在 TimeLiner 序列播放过程中，Navisworks 还会播放指定的视点动画或相机。

图 10-15   图 10-16

可以在"动画"字段中选择以下选项：

① 无链接：将不播放视点动画或相机动画。

② 保存的视点动画：将进度链接到当前选定的视点或视点动画。

③ 场景 X->"相机"：将进度链接到选定动画场景中的相机动画。

可以预先录制合适的动画，以便与 TimeLiner 模拟一起使用。使用动画还会影响导出动画。

"视图"区域。每个视图都将播放描述计划日期与实际日期关系的进度：

1）实际：选择此视图将仅模拟实际进度（即仅使用实际开始日期和实际结束日期），如图 10-17 所示。

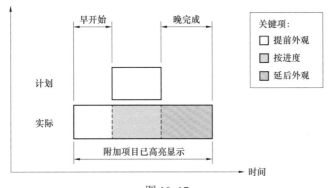

图 10-17

2）实际（计划差别）：选择此视图将针对"计划"进度来模拟"实际"进度，如图 10-18 所示。此视图仅高亮显示实际日期范围期间附加到任务的项目，该时间范围为：介于实际开始日期和实际结束日期之间的时间。有关图形表示，请参见图 10-17 和图 10-18。对于实际日期位于计划日期（按计划）中的时间段，将在任务类型开始日期图示中显示附加到任务的项目。对于实际日期早于或晚于计划日期（实际日期与计划日期不一致）的时间段，将分别在任务类型提前或延后外观中显示附加到任务的项目。

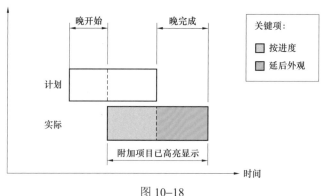

图 10-18

3）计划：选择此视图将仅模拟计划进度（即，仅使用计划的开始日期和计划的结束日期），如图 10-19 所示。

4）计划（当前差别）：选择此视图将针对"计划"进度来模拟"实际"进度，如图 10-20 所示。此视图仅高亮显示计划日期范围期间附加到任务的项目，该时间范围为：介于"计划开始"日期和"计划结束"日期之间的时间。有关图形表示，请参见图 10-19 和图 10-20。对于实际日期介于计划日期中的时间段（按计划），将在任务类型开始外观中显示附加到任务的项目。对于实际日期早于或晚于计划日期（实际日期与计划日期不一致）的时间段，将分别在任务类型提前或延后外观中显示附加到任务的项目。

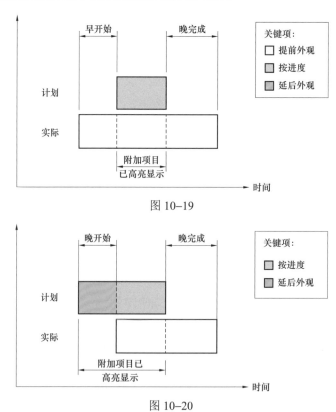

图 10-19

图 10-20

5）计划与实际：选择此视图将针对"计划"进度来模拟"实际"进度，如图 10-21 和

190

图 10-22 所示。这将高亮显示整个计划和实际日期范围期间附加到任务的项目，该时间范围为：介于实际开始日期和计划开始日期之间的最早者与实际结束日期和计划结束日期之间的最晚者之间的时间。对于实际日期介于计划日期中的时间段（按计划），将在任务类型开始外观中显示附加到任务的项目。对于实际日期早于或晚于计划日期（实际日期与计划日期不一致）的时间段，将分别在任务类型提前或延后外观中显示附加到任务的项目。

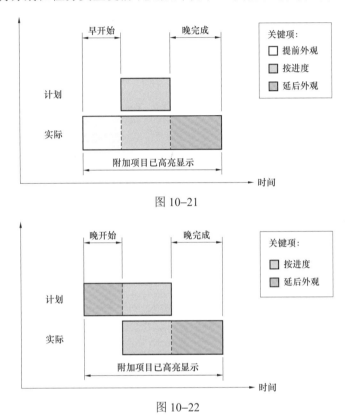

图 10-21

图 10-22

10.6　施工模拟练习

要制作一个施工模拟，首先要确定：

（1）要做哪些构件的施工模拟？

（2）哪部分是要详细表现的，哪部分是可以粗略展示的？

（3）需要添加哪些信息计划时间？实际时间？人工费？材料费？

（4）是否需要添加动画等都要提前考虑好。

要有事前控制思维，把控所做的和想要的成果是一致的。明确这些之后，才能做出一个好的施工模拟。

但是怎么明确这些问题呢？前提就是用户在制作之前对 Navisworks 有一定的认识，了解它可以做哪些事情，不能做哪些事情。用户要先把关于施工模拟的基础内容了解之后，才能做出一个较为完美的施工模拟动画。

（1）制作施工模拟之前首先对进行施工模拟的构件进行集合的创建。方便在添加集合后快速附着任务对象。将视图中所有的模型都创建成集合的形式，如图10-23所示。

（2）接下来为施工模拟添加任务，这里选择自动添加任务中的针对每个集合来快速添加任务，如图10-24所示。

图 10-23　　　　　　　　　　　　　　　图 10-24

（3）添加任务完成之后，发现自动添加好的任务的顺序不能满足要求，则选中要调整的任务，鼠标右键单击"向上"或"向下"调整一下相关的任务顺序，如图10-25和图10-26所示。

已激活	名称	状态	计划开始	计划结束
☑	楼板	▭	2017/2/16 0:00	2017/2/16 23:00
☑	梁	▭	2017/2/17 0:00	2017/2/17 23:00
☑	墙	▭	2017/2/20 0:00	2017/2/20 23:00
☑	柱	▭	2017/2/21 0:00	2017/2/21 23:00
☑	车库门	▭	2017/2/22 0:00	2017/2/22 23:00
☑	树	▭	2017/2/23 0:00	2017/2/23 23:00
☑	卡车-皮卡	▭	2017/2/24 0:00	2017/2/24 23:00
☑	混凝土卡车	▭	2017/2/27 0:00	2017/2/27 23:00
☑	道路	▭	2017/2/28 0:00	2017/2/28 23:00
☑	绿地	▭	2017/3/1 0:00	2017/3/1 23:00

图 10-25

已激活	名称	状态	计划开始	计划结束
☑	绿地	▭	2017/3/1 0:00	2017/3/1 23:00
☑	道路	▭	2017/2/28 0:00	2017/2/28 23:00
☑	树	▭	2017/2/23 0:00	2017/2/23 23:00
☑	卡车-皮卡	▭	2017/2/24 0:00	2017/2/24 23:00
☑	混凝土卡车	▭	2017/2/27 0:00	2017/2/27 23:00
☑	柱	▭	2017/2/21 0:00	2017/2/21 23:00
☑	墙	▭	2017/2/20 0:00	2017/2/20 23:00
☑	梁	▭	2017/2/17 0:00	2017/2/17 23:00
☑	车库门	▭	2017/2/22 0:00	2017/2/22 23:00
☑	楼板	▭	2017/2/16 0:00	2017/2/16 23:00

图 10-26

（4）添加好任务并调整好顺序之后，对每个任务的时间进行输入。这里输入计划开始时间和计划结束时间。此处演示的时间顺序比较简单，主要是按照任务先后的顺序进行排列。从2月16日到3月7日将所有的任务完成，如图10-27所示。

已激活	名称	状态	计划开始	计划结束
☑	绿地	▬	2017/2/16 0:00	2017/2/17 23:00
☑	道路	▬	2017/2/18 0:00	2017/2/19 23:00
☑	树	▬	2017/2/20 0:00	2017/2/21 23:00
☑	卡车-皮卡	▬	2017/2/22 0:00	2017/2/23 23:00
☑	混凝土卡车	▬	2017/2/24 0:00	2017/2/25 23:00
☑	柱	▬	2017/2/26 0:00	2017/2/27 0:00
☑	墙	▬	2017/2/28 0:00	2017/3/1 0:00
☑	梁	▬	2017/3/2 0:00	2017/3/3 0:00
☑	车库门	▬	2017/3/4 0:00	2017/3/5 0:00
☑	楼板	▬	2017/3/6 0:00	2017/3/7 0:00

图 10-27

（5）添加好任务，设置好时间之后就可以通过模拟菜单下的播放按钮播放一下当前设置好的施工模拟动画，如图 10-28 所示。当前动画就会按照设置的时间将每个任务依次显示出来，如图 10-29 所示。

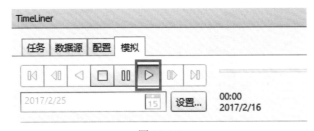

图 10-28

图 10-29

（6）接下来继续深化一下，设置一下场景视图中模型的相关信息的显示，选择手动的方式设置材料费、人工费、机械费、分包商费用这些信息的显示。

第一步需要在任务中添加相关的费用信息。单击"任务"菜单下的列选项，单击"选择列"，如图 10-30 所示。将"材料费""人工费""机械费""分包商费用"这几个选项前的对勾勾选上，将"实际开始""实际结束""任务类型"勾选掉，单击确定，如图 10-31 所示。

图 10-30

图 10-31

（7）接下来在任务中将相关的信息输入进去。在输入信息的时候可以将甘特图先隐藏掉，便于观察任务中所有的信息，如图 10-32 和图 10-33 所示。

图 10-32

（8）第二步需要让相关的信息显示在模拟时的场景视图中。单击模拟菜单下的"设置"按钮，如图 10-34 所示，进入模拟设置窗口，单击覆盖文本下的"编辑"，对文本进行编辑设置，如图 10-35 所示。

图 10-33

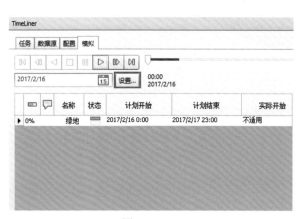

图 10-34

图 10-35

（9）覆盖文本对话框：

1）颜色，选择红色。

2）日期/时间，选择日期和时间表示法适于本地。

3）其他里面选择新的一行（即换行操作），输入材料费和冒号，然后单击"费用"选择"材料费"。

4）重复步骤③将人工费、机械费、分包商费用、总费用输入进去，如图 10-36 所示。

5）单击"字体"设置字体，如图 10-37 所示。

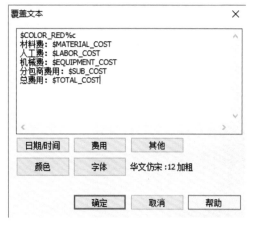

图 10-36

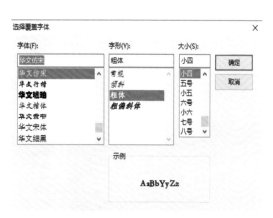

图 10-37

（10）设置完成之后，单击"播放模拟"，就可以在场景视图左上角看到刚刚设置的信息，如图 10-38 所示。

图 10-38

（11）接下来为该段施工模拟添加一个视点动画链接，单击"切换"回任务菜单，如图 10-39 所示。再单击 Animator 窗口，添加"场景 1" > "添加相机" >选择"空白相机"，为"场景 1"添加一个"空白相机"，如图 10-40 所示。

图 10-39

图 10-40

（12）分别在如图 10-41～图 10-45 所示位置在第 0s、第 2s、第 4s、第 6s、第 8s 时保存视点，用户在保存这几个视点的位置时，只要调整到大概位置即可，主要目的是为了让相机可以围着房间旋转观察。

图 10-41

图 10-42

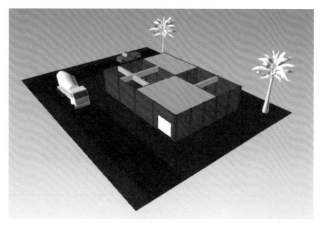
图 10-43

图 10-44

图 10-45

（13）视点动画制作完成之后，将视点动画链接到施工模拟中。单击"模拟"菜单中的"设置"，如图 10-46 所示。在动画链接中选择刚刚制作的"场景 1->相机"，单击"确定"，如图 10-47 所示。再次播放该施工模拟，发现在模拟的时候已经可以边旋转视图边进行施工模拟的过程。

图 10-46

图 10-47

（14）添加过施工模拟之后，再为其添加一个柱子生长的动画和墙体生长的动画。在集合窗口选择柱，然后在 Animator 中添加动画集，从当前选择，并将该动画集命名为"柱生长动画"，如图 10-48 所示。

（15）选择缩放动画命令，将时间调整到第 0s，然后将缩放后面的 Z 轴调整为 0，如图 10-49 所示，即将 X、Y、Z 轴的轴心放到地面的位置上，如图 10-50 所示。拖曳蓝色的 Z 轴，将柱压扁，如图 10-51 所示，捕捉该位置关键帧。

图 10-48

图 10-49

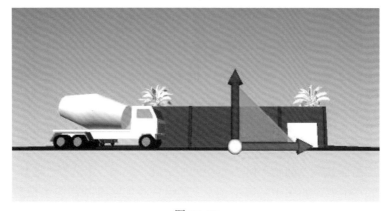

图 10-50

图 10-51

（16）将时间轴调整到第 5 秒，将柱的缩放再改回原始的状态，捕捉该位置的关键帧，如图 10-52 所示。播放观察一下，柱已经可以从无到有的一点点生长起来了。

图 10-52

（17）回到 TimeLiner 中，找到列的按钮"选择列"，勾选"动画"和"动画行为"，如图 10-53 和图 10-54 所示。

图 10-53

图 10-54

（18）在柱的后面找到"动画"和"动画行为"，在"动画"中选择"场景 1/柱生长动画"，"动画行为"选择"缩放"，如图 10-55 所示。完成给柱添加刚刚制作的生长动画。再回到"模拟"选项卡，单击"模拟"，观察刚刚添加动画之后的效果，在模拟的时候就可以观察到柱在模拟的时候会有生长的动画，同理，再将墙的生长动画做出来，并链接到墙的任务后面。这样施工模拟就做完了，可以在其中看到模型构件一点一点地建立出来，用户在操作的时候，可以根据项目的实际情况将模型进行集合的划分，将任务按照实际施工顺序进行排序，并链接视点动画和 Animator 动画。

图 10-55

（19）最后，将施工模拟动画进行导出。设置如图 10–56 和图 10–57 所示，单击格式后"选项"按钮设置如图 10–58 所示，将动画保存到本地。

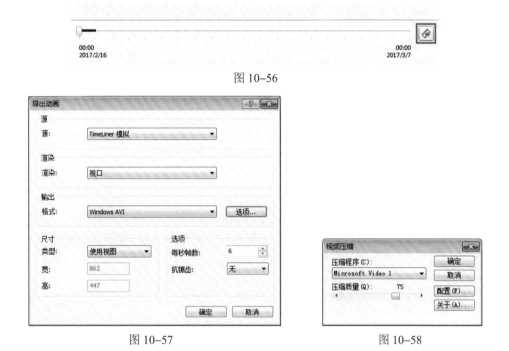

图 10–56

图 10–57

图 10–58

第11章 Navisworks 操作技巧

11.1 如何手动安装 Navisworks 导出器插件

问题：

要安装 Navisworks 导出器或 Navisworks 导出器安装在控制面板中显示，但不会显示在程序中。

原因：

导出器需要在其他程序安装之后安装。导出器将扫描目标程序的安装位置，并存放在该位置下。如果安装出现故障可能不显示它们。

图 11-1

解答：

（1）打开 Windows 控制面板。

（2）访问已安装的程序列表（程序和功能），如图 11-1 所示。

（3）选择 Navisworks 导出器插件条目，不采用语言包（可能有 2 个条目的 64 位和 32 位）。

（4）单击"卸载/更改"，如图 11-2 所示。

图 11-2

（5）单击"修复或重新安装"。

（6）选择并单击"修复"，按照提示进行操作和测试导出器。

（7）如果修复不奏效，重复上述步骤，并在第 5 步中选择则"重新安装"。

如果上述未成功，手动预置导出器：

（1）打开 Windows 控制面板。

（2）访问已安装的程序列表（程序和功能）。

（3）选择 Navisworks 导出器插件条目，不采用语言包（可能 2 个条目的 64 位和 32 位）。

（4）单击"卸载/更改"。

（5）单击"添加或删除功能"。

（6）要安装的导出器关联的程序列表中搜索。

（7）取消选中关联的导出器，然后单击"更新"。该过程完成后将返回到已安装的程序列表。

（8）对于 Navisworks Exporter 插件条目再次选择，不采用语言包。

（9）单击"添加或删除功能"。

（10）单击"恢复默认值"。

（11）单击"更新"，然后按照提示进行操作并测试。

如果导出器不显示在控制面板中，可以从原始安装介质来安装它们。它们将显示为单独的程序安装，或将一个选项位于 Navisworks 内安装选项。

11.2　Navisworks 安装目录文件解析

（1）找到 Navisworks 的安装目录，位置：X（安装盘符）：\Program Files\Autodesk\Navisworks Manage 2018，图 11-3 所示 Samples 里面有复杂程度不等的 9 个项目模型，可以通过这 9 个模型来学习 Navisworks，对模型进行操作和使用，如图 11-3 所示：

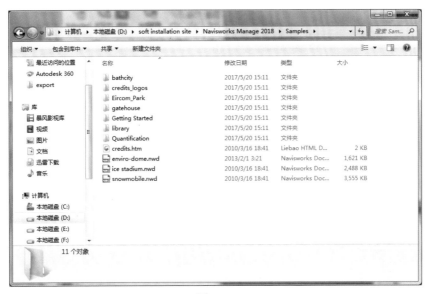

图 11-3

（2）如图 11-4 所示，该文件夹是软件里第三人放置的位置，可以自己做第三人，新建一个文件夹将制作完成的第三人的 nwd 文件放到该文件夹中。

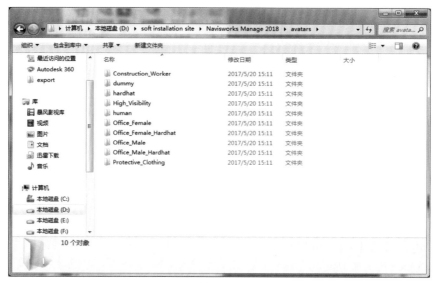

图 11-4

11.3　制作并更改 Navisworks 中的第三人

（1）要制作一个第三人，先看一下系统自带的第三人是什么状态的。打开一个 human 文件夹，查看一下里面的文件，如图 11-5 所示。

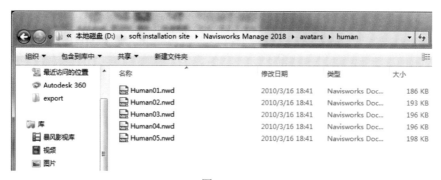

图 11-5

（2）分别打开图 11-6 所示的几个文件，查看一下每个文件保存的都是什么状态。

图 11-6

（3）打开文件，如图 11-7～图 11-11 所示，文件保存的是人站立和蹲伏的几种状态。也就是说制作的时候也可以给出几种状态，来满足第三人进入不同高度的房间内需要显示的状态，这里做一个稍微简单点的、不考虑蹲伏时的状态。

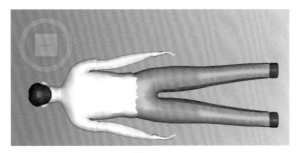

图 11-7

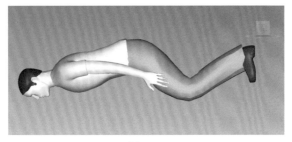

图 11-8

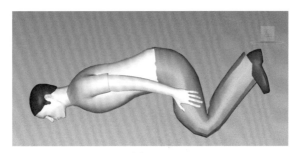

图 11-9

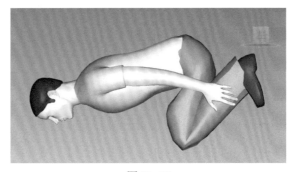

图 11-10

（4）这里还存在一个问题，可能制作过的同学会发现制作出来的第三人经常是倒着的，方向总是调节不正确，这是一个比较头疼的问题。解决此问题的方法也是根据系统自带的文件去观察它是怎么放置第三人的方向的，如图 11-11 所示。按照这种方式去放置，需要观察第一张图片是在上视图可以看到第三人的背影，第三人的头部朝向北方。也就是说在修改自己制作的第三人的时候也应当调整到这种状态再将其放置到该文件夹下，又考虑到在 Revit 中修改较为方便，所以最好在 Revit 中修改完成之后再进行其他的步骤。

图 11-11

（5）打开 Revit 后载入一个系统自带的混凝土罐车模型族（也可以用在 Revit 中添加自己想要的 SketchUp 模型），如图 11-12 所示。载入模型之后，进入编辑族的状态，修改方向如图 11-13 所示。最后将该族导出成 nwc 文件。

图 11-12

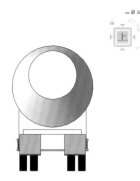

图 11-13

（6）用 Navisworks 打开刚才导出的混凝土罐车文件（图 11-14 所示），将其保存成 nwd 文件（图 11-15 所示）。打开安装目录，在 avatars 文件夹下创建一个自己的文件夹命名为 car，把 nwd 文件放入创建的文件夹内，如图 11-16 所示。

图 11-14

混凝土卡车.nwc

混凝土卡车.nwd

图 11-15

图 11-16

（7）再次打开 Navisworks，调出第三人即可看到刚刚制作的混凝土罐车就出现在第三人
列表中，选择使用该混凝土罐车作为第三人，并调整混凝土罐车的大小和视点距混凝土罐车
的距离，如图 11-17 所示。

图 11-17

（8）这里就制作了一个简单的第三人的替换，可能还存在一些瑕疵，用户可以根据自己
的实际情况修正，做到一个令自己满意的结果出来，如图 11-18 所示。

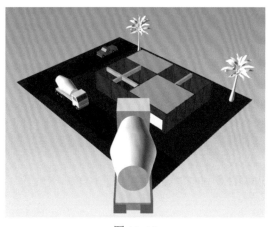

图 11-18

11.4 如何调整 Revit 链接模型文件导出到 Navisworks 中不显示

（1）如图 11-19 所示，在 Revit 中，原有的结构模型与链接的建筑模型显示正常。

（2）导入后显示模型只有结构模型，如图 11-20 所示。

图 11-19

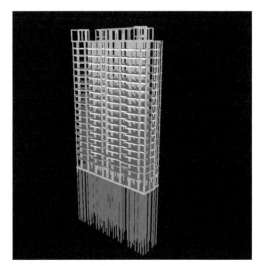

图 11-20

（3）单击 Revit "菜单栏"中"导出"分类里选择 nwc 文件格式，单击导出窗口中的"Navisworks 设置"按钮，将转换链接文件勾选即可，如图 11-21 和图 11-22 所示。

图 11-21

图 11-22

11.5 如何在 Navisworks 中一键返回到 Revit 平台

（1）方法 1：单击右键选择需要修改的模型，在右键菜单中选择"返回"命令，如图 11-23 所示。

（2）方法 2：单击模型任意一处，后单击"项目工具"选项卡下"返回"命令，如图 11-24 所示。

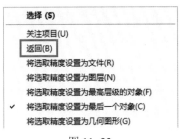

图 11-23

图 11-24

（3）问题：当无法正常返回时，会有如图 11-25 所示提示。

（4）方法：回到 Revit 中，找到附加模块，单击 Navisworks SwitchBack 2018，单击之后可能没有什么反应，但是它已经起作用了，再次单击返回的时候就可以看到效果了（Revit 软件与 Navisworks 软件均需打开），如图 11-26 和图 11-27 所示。

图 11-25

图 11-26

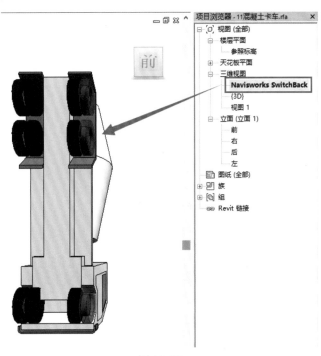

图 11-27

11.6 关于 Navisworks 中选项的常见设置

（1）自动保存。在"菜单栏"中的"选项"按钮内，单击"常规"列表找到"自动保存"选项。用户可以自行设置保存的路径，以及查找当文件崩溃之后，自动保存到哪里，方便查找文件的位置，如图 11-28 所示。

图 11-28

（2）修改单位。

问题：载入进来的外部文件大小尺寸不对怎么办？

解决方法：改单位，按键盘上 F12（快捷键），将对应的格式改正，如图 11-29 所示。

图 11-29

（3）捕捉的设置。在"菜单栏"中单击"选项"按钮，在"界面"中找到"捕捉"，如

图 11–30 所示。

图 11–30

（4）轴网标高的控制。在"菜单栏"中单击"选项"按钮，在"界面"中找到"轴网"，字体大小与颜色控制如图 11–31 所示。

（5）轴网位置的控制。在"查看"选项卡下，"轴网与标高"面板内"模式"命令下三角内，如图 11–32 所示。

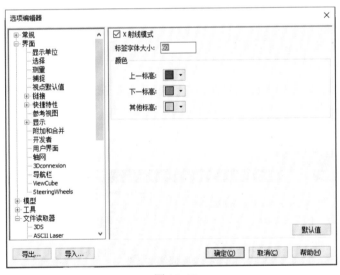

图 11–31   图 11–32

11.7　Navisworks 视图操作方法

（1）视点的控制。视图导航盘：通过视图导航盘控制视图的平移、缩放等对场景视图进

图 11-33

行查看，如图 11-33 所示。

（2）关于视点的控制及第三人各类数值的调整。在"场景"中，单击鼠标右键，单击"视点"然后选择"编辑视点"，如图 11-34 所示，常用的功能在红线的区域，可以调整线速度（人物/视点直线移动速度）和角速度（人物/视点转动速度），以及漫游时第三人各类数值的调整，如图 11-34 所示。

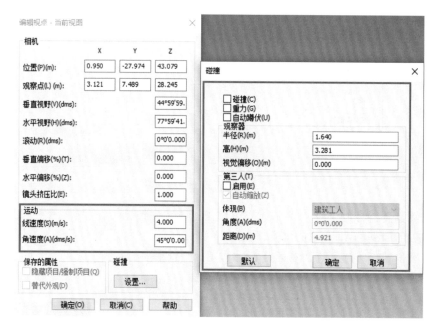

图 11-34

（3）拆分视图。

① 单击进入 Navisworks 时默认为一个视图界面，如果想要对其进行多视角观察，可以单击"查看"选项卡，选择"场景视图"面板内"拆分视图"下三角。可以将一个模型分成多视图（视角）来观察，如图 11-35 所示。

图 11-35

② 首先单击"水平拆分"，然后单击"垂直拆分"，再单击未拆分的视图场景，最后单击"垂直拆分"，出现如图 11-36 所示界面。

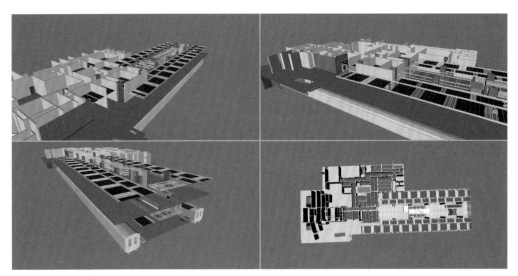

图 11-36

（4）参考视图。"查看"选项卡下"参考视图"下三角，如图 11-37 所示。

图 11-37

可以移动小箭头的位置来定位和操控相机位置，如图 11-38 所示。

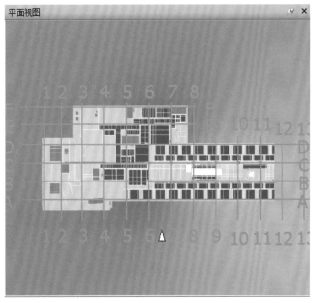

图 11-38

（5）光源的调整。在"视点"选项卡中"渲染样式"面板内"光源"下三角。可以调整光源的类别旁边"模式"命令下三角，修改视图的模式（"场景光源"在着色的模式下更加明显），如图 11-39 和图 11-40 所示。

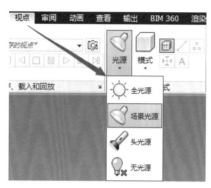

图 11-39

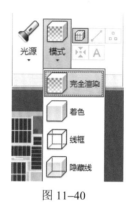

图 11-40

11.8 Navisworks 中模型的查看方式

在"视点"选项卡下，导航面板内有"平移""缩放""动态观察""漫游"命令，如图 11-41 所示。

图 11-41

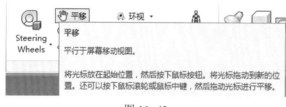

图 11-42

重点 1：平移状态，如图 11-42 所示，单击鼠标左键或者按住中间的滚轮能够实现模型的平移，shift+中间滚轮能够将模型以视角为中心旋转。

重点 2：漫游状态（适合在模型的内部使用的视图命令），如图 11-43 所示，单击"漫游"命令，鼠标再场景中时单击鼠标左键，视角就会随着鼠标移动。同时按 Shift 键则会让视角移动速度加快。鼠标中间的滚轮能够控制视角的上下观察。同时如果将"真实效果"中碰撞、重力勾选，遇到障碍物时会无法前进，视角落到地面就无法继续下降，如果将"漫游"中第三人打开，感觉就更真实了。

如果调整视角时需要保留某个观察模型的特定视角，那么，单击"视点"选项卡，在"载入和回放"列表中单击"保存视点"，就可以将这个视角保存下来，如图 11-44 所示。

图 11-43

图 11-44

11.9 Navisworks 中视图进深的设置

当模型载入 Navisworks 时，有时候会出现模型显示不全的情况，如图 11-45 所示。

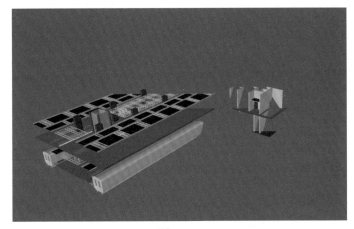

图 11-45

（1）在"常用"选项卡中，单击"项目"面板内"文件选项"，进行设置，如图 11-46 所示。

图 11-46

（2）将"远"分类中，"固定"选项数值设置得远一些，或者设置为自动，效果如图 11-47 所示。

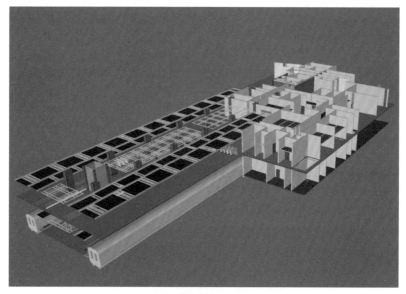

图 11-47

11.10　如何改变 Navisworks 中的背景色

（1）单击桌面上 Navisworks 软件，进入操作界面，界面是黑色的，并且单击鼠标右键时也不会弹出背景选项，如图 11-48 所示。

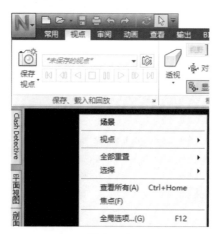

图 11-48

（2）载入项目，对空白处单击鼠标右键，如图 11-49 所示。单击背景，出现"背景"对话框，如图 11-50 所示，有三个不同的选项，每个选项效果不一。

注意： 若修改背景颜色后，场景视图中无变化，到视点选项卡下渲染面板中将模式调整为着色。

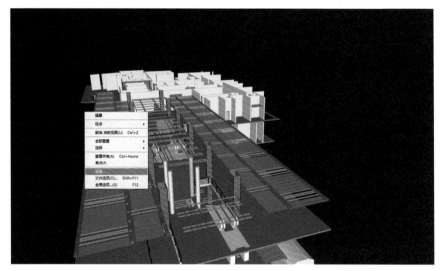

图 11-49

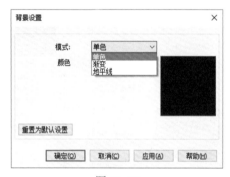

图 11-50

11.11　如何解决 Navisworks 中制作动画时透明和着色动画集效果不生效

（1）当制作 Animator 动画时，添加透明动画集和颜色动画集的时候，如图 11-51 所示发现在播放的过程中发现构件并不会按照添加的动画集进行改变。

（2）进入"视点"选项卡下，渲染样式面板中将模式由"完全渲染"改为"着色"，如图 11-52 所示，此时再次播放动画即可实现添加的动画集效果。

图 11-51

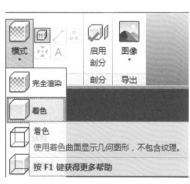

图 11-52

11.12 如何在 Navisworks 中制作圆滑的动画

（1）右键单击视图空白处，单击"视点">"导航模式">"转盘"命令，如图 11-53 所示。

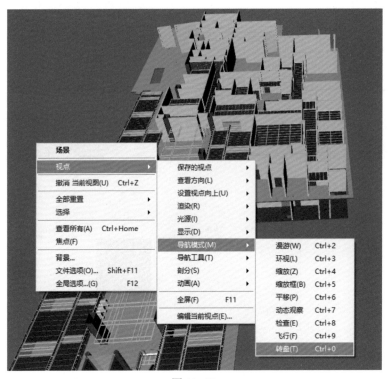

图 11-53

（2）拖动鼠标使项目模型旋转，单击"动画"选项卡，"创建"面板中的"录制"命令，如图 11-54 所示，即可做出圆滑的动画了。

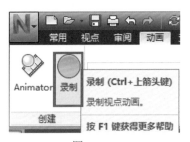

图 11-54

11.13 Navisworks 中帧频大小与画面的关系

（1）在 Navisworks 中"常用"选项卡下"项目"面板内单击"文件选项"命令出现如图 11-55 所示的对话框。

（2）帧频参数的数值可以控制移动、旋转、放大或缩小等方式观察项目文件时的流畅性，默认值为"6"，设为"1"时画面模型完全显示，但观察画面时流畅性低，感觉画面十分卡顿，设为"24"时观察画面流畅性高，但是一旦项目文件过大，移动观察时就会导致很多模型在画面上闪烁，解决闪烁的问题也可以调整让模型强制可见，如图 11-56 所示。图 11-57～图 11-59 所示分别为帧频数值为 1、6、24 时模型旋转的画面。

图 11-55

图 11-56

图 11-57

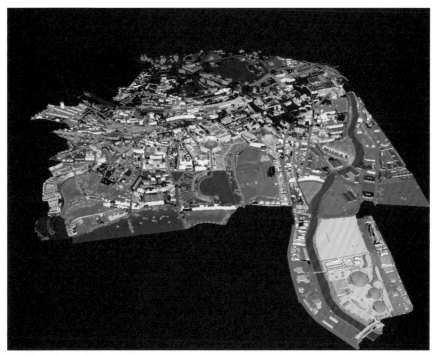

图 11-58

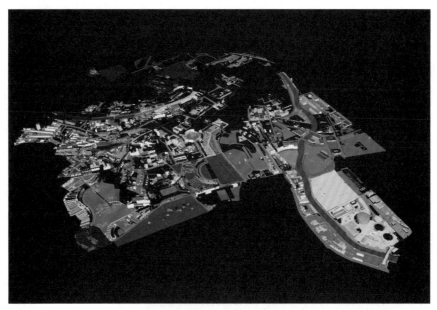

图 11-59

11.14　如何解决 Navisworks 制作视频时画面呈现锯齿状

（1）使用"输出"选项卡下"视觉效果"面板中"图像"或"动画"命令，如图 11-60 所示。

图 11-60

（2）在弹出的"导出图像"或"导出动画"对话框中，使用"视口"模式导出图像或动画时修改抗锯齿倍数为 8x 或更高，如图 11-61 所示。

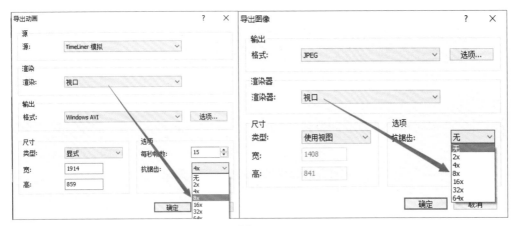

图 11-61

11.15 查看 Navisworks 属性查看注意事项

问题：

有时单击某一个模型在特性面板中查看属性时，会发现有一些属性参数不可见，但是有的时候单击模型，它的属性信息又会多出来几个，那么是什么原因造成这个现象的呢？如图 11-62 和图 11-63 所示。

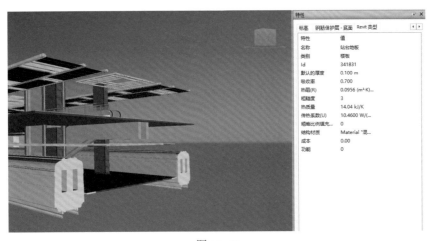

图 11-62

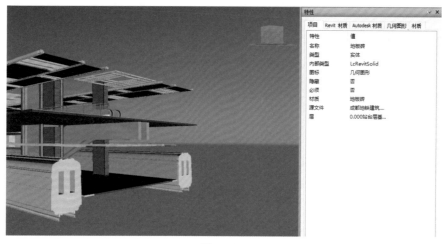

图 11-63

解决办法：

在"常用"选项卡下，"选择和搜索"面板下三角将"选取精度"来回调整，再选择模型，如图 11-64 所示。

图 11-64

11.16　如何在 Navisworks 中查询面数、点数和线段数

（1）在"常用"选项卡下"项目"面板内"项目"下三角里单击"场景统计信息"命令。如图 11-65 所示。

图 11-65

（2）得到想要的数据，如图 11-66 所示。

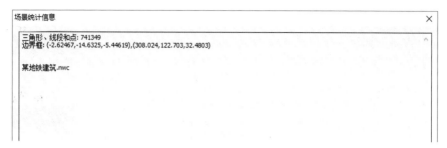

图 11-66

11.17　如何更改 Navisworks 中测量显示的数值精度

（1）单击"菜单栏"按钮，在菜单栏中单击"选项"，如图 11-67 所示。

图 11-67

（2）在弹出的"选项编辑器"对话框的"界面"类别下的"显示单位"中，设置"长度单位"为"毫米"即可，如图 11-68 所示。

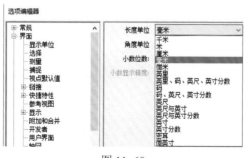

图 11-68

11.18 如何使用 Navisworks 中的框选命令

（1）在"常用"选项卡下"选择和搜索"面板"选择"命令下三角内单击"选择框"分类（成框选后就不能进行点选操作），如图 11–69 所示。

图 11–69

（2）在 Navisworks 中的框选不同于 CAD 与 Revit，它的左右框选都是如同 CAD 与 Revit 中的从左往右框选，即构件被全部框中的时候才会被选中，如图 11–70 和图 11–71 所示。

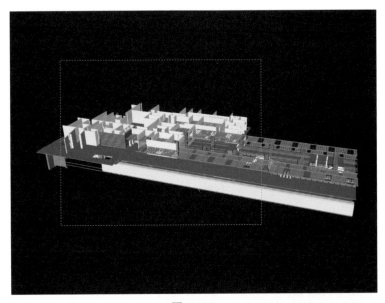

图 11–70

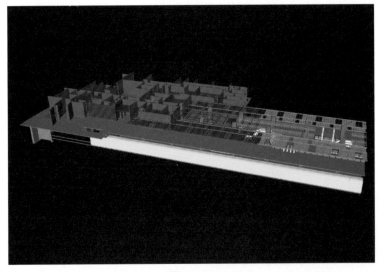

图 11–71

11.19 Navisworks 集合的单独取消隐藏

在载入的项目中将"常用"选项卡下单击"选择树"命令，弹出选择树工具面板并将其固定在旁边，打开子目录如图 11-72 所示。

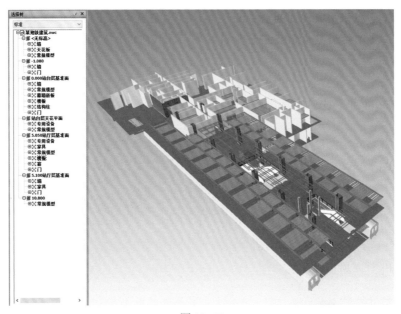

图 11-72

单击"选择树"工具面板中"楼板"，可以观察到场景视图中楼板被选中，如图 11-73 所示。

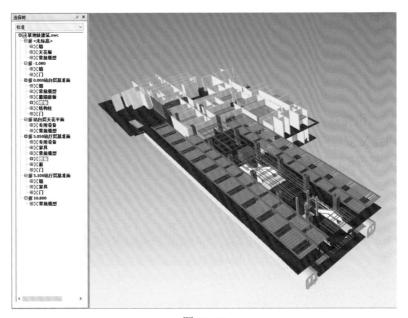

图 11-73

选择好楼板之后，然后单击"常用"选项卡下"可见性"面板内"隐藏"将楼板隐藏，如图 11-74 所示。

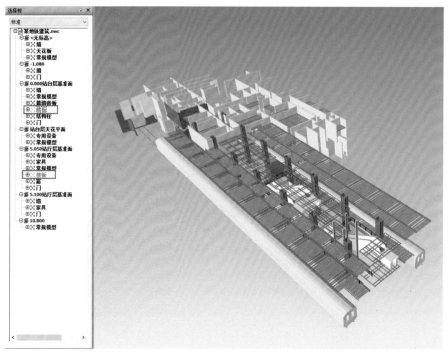

图 11-74

将所有的楼板隐藏之后，如果说想将其中一块楼板单独显示出来，而不是使用面板中的取消隐藏所有构件。这时可以通过"选择树"工具面板选择到需要单独显示的构件，然后单击"常用"选项卡下"可见性"面板内"隐藏"，如图 11-75 所示。

图 11-75

如图 11-76 所示，该块楼板已经可以出现在场景视图中了。

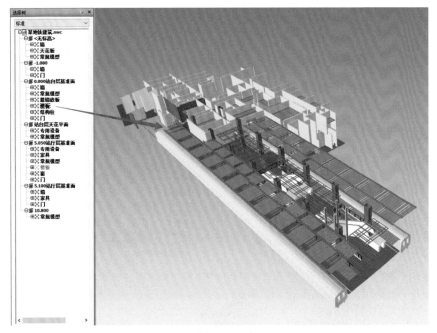

图 11-76

11.20 Navisworks 中碰撞检测报告导出注意事项

在导出碰撞报告的时候，如图 11-77 所示，出现为文件命名的窗口，通常的命名习惯为中文命名。有的时候就会出现这样一个问题，如图 11-78 所示，导出的报告里面不能显示图片。

图 11-77

图 11-78

　　在添加新的碰撞时最好要以英文或数字作为碰撞报告名称，命名完成之后导出，图片正常显示出来，如图 11-79 所示。

图 11-79

11.21 Navisworks 中碰撞检查的设置

（1）在使用 Navisworks 中"碰撞检测"功能进行碰撞检测的时候，有一个选项"复合对象碰撞"，这个有什么作用，可能有很多用户不是很清楚，下面来看一下该选项的作用，如图 11–80 所示。

图 11–80

（2）下面通过一个复合墙，如图 11–81 所示，与楼板碰撞测试一下选择"复合对象碰撞"，这个选项有什么不同的结果。

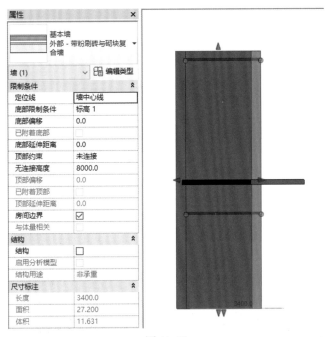

图 11–81

通过检测结果会发现，碰撞错误有两种结果。

① 选择了"复合对象碰撞"的测试中，就会直接默认该复合墙体为一个"构件图元"，为基本墙和楼板的碰撞，如图 11–82 所示。

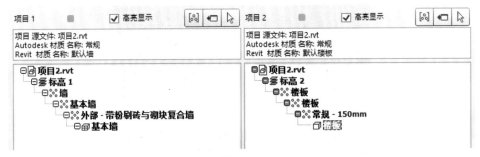

图 11–82

② 在没有选择"复合对象碰撞"测试中，会发现该复合墙体，在软件下读取的是基本墙图元层次下的"松散–石膏板"和"默认墙"，所以就会报错两次，形成两个碰撞结果，如图 11–83 和图 11–84 所示。

图 11–83

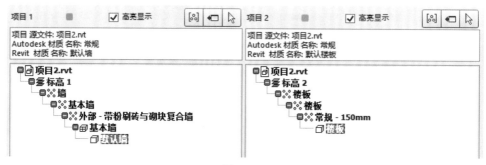

图 11–84

通过这样的测试，就知道了该选项的作用与重要性，虽然是一道墙体，如图 11–85 所示，但其中包含不同的层次，勾选与不勾选复合对象碰撞结果是不一样的。

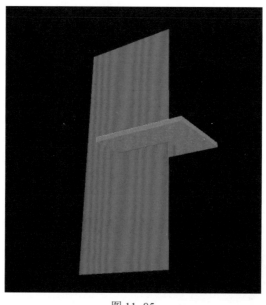

图 11–85

另外还有一个"硬碰撞（保守）"选项，这个选项与"硬碰撞"有什么区别呢？选择了"硬碰撞（保守）"相对于"硬碰撞"选项，采用了更加严谨的计算规则，使测试结果更加的彻底安全。通常情况下选择"硬碰撞"就足够了。

11.22　如何在 Revit 中精确显示 Navisworks 中找到碰撞

（1）选中有问题的模型，单击"常用"选项卡下"显示"面板中"特性"命令，在打开的"特性"工具面板中，找到"元素 ID"分类，记住该值，如图 11-86 所示。

图 11-86

（2）打开 Revit 软件，在 Revit 中"管理"选项卡下"查询"面板中，单击"按 ID 选择"输入之前的值，并确定可以准确地找到有问题的图元构件，如图 11-87 和图 11-88 所示。

图 11-87　　　　　　　　　　　　　图 11-88

11.23　如何给 TimeLiner 添加视点动画

（1）在 Navisworks 中可以为模型进行施工模拟动画，如图 11-89 所示。

图 11-89

（2）设置好相对应的时间节点，就可以进行施工模拟动画的演示，但是只固定一个视角的动画不够生动，这时候就需要给这个动画添加一个视点动画，如图 11-90 所示。

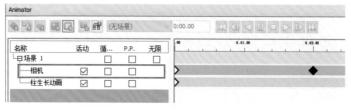

图 11-90

（3）动画集中不同的角度单独生成一个视点，视点的多少取决于对动画效果的要求，如果需要比较平滑的效果，让动画表现的不会显得特别突兀跳跃的时候，就可能增加更多的视点。做好了这组动画集之后再到 TimeLiner 里面添加上，让施工动画与该视点同步进行，如图 11-91 和图 11-92 所示。

图 11-91

图 11-92

11.24 做施工模拟时如何让文字水平显示

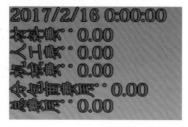

图 11-93

如图 11-94 所示，在"TimeLiner"工具窗口中，单击"模拟"选项卡，单击"设置"按钮，在弹出的"覆盖文本"对话框中，单击"字体"按钮，在弹出"选择覆盖字体"的对话框中不要选择带有@符号的字体可使文字水平显示，如图 11-95 和图 11-96 所示。

图 11-94

图 11-95   图 11-96

11.25 如何解决 Navisworks 中无法进行施工模拟预览

（1）没有添加"实际或者计划时间"。

（2）没有将构件添加"任务类型"。

（3）没有将构件"附着"到任务中，如图 11-97 所示。

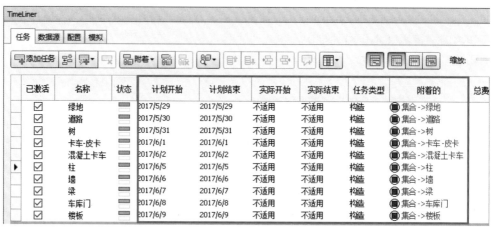

图 11-97

11.26 Navisworks 在施工模拟中需要注意的几点

（1）要创建施工模拟动画，必须首先关联对象，最好把相同名字的做成一个集合，然后根据集合建立任务层次，如图 11-98 所示。

（2）最好配合视点动画，否则做出来视角会很单一。

（3）从 Revit 中导出 nwc 格式的时候需要调节好标高，NW 中默认的插入点跟 Revit 中的正负零标高是一致的。

图 11-98

11.27 Navisworks 中的附加文件小技巧

问题：附加文件时全选如图 11-99 所示所有要附加的文件，但在选择树中结果如图 11-100 所示。

图 11-99

图 11-100

（1）方法：在使用附加功能时，在"附加"对话框中右键单击空白处，在右键的快捷菜单中选择"排序方式"为"类型"或者"名称"与下面的"递增"，如图 11-101 所示。

（2）在"附加"对话框中显示顺序及全选后在"选择树"中表现如图 11-102 所示。

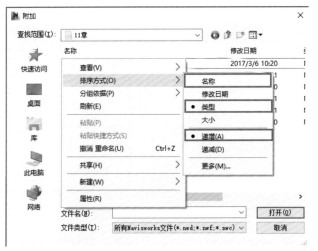

图 11-101   图 11-102

11.28　如何在 Navisworks 中统计模型构件总数

（1）按 Shift+F3（"查找项目"快捷键），或者"常用"选项卡下"选择和搜索"面板内单击"查找项目"命令，如图 11-103 所示。

图 11-103

（2）按 Shift+F7（"特性"快捷键），或者"常用"选项卡下"显示"面板内单击"特性"命令，如图 11-104 所示。

图 11-104

（3）将"查找项目"工具面板与"特性"工具面板固定在视图边框上，在"查找项目"工具面板中将搜索条件"类别""特性""条件"分别更改为"元素""ID""已定义"，如图 11-105 所示。

（4）单击"查找项目"工具面板中"查找全部"按钮，"特性面板"上出现构件总数（元素 ID 是 Revit 图元 ID，一个图元一个 ID 可靠性更高），如图 11-106 所示。

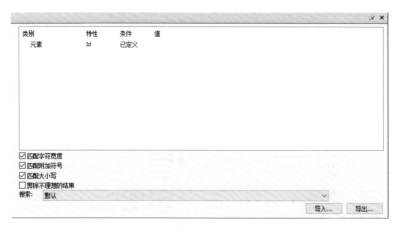

图 11-105   图 11-106

11.29　Navisworks 导出为视频的设置技巧

（1）在"输出"选项卡中"视觉效果"面板内单击"动画"命令，在"导出动画"对话框中单击"格式"分类中"选项"按钮，如图 11-107 所示。

（2）在"视频压缩"对话框中将"压缩程序"列表修改为"Microsoft Video 1"后确定，如图 11-108 所示。

图 11-107   图 11-108

11.30　Navisworks 中添加材质的注意事项

问题难点：打开 Navisworks 2018，单击门，发现门被全部选中，如图 11-109 所示。

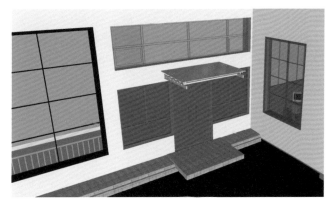

图 11-109

（1）解决办法 1：改变选择精度。

① 单击"常用"选项卡下"选择和搜索"面板下三角中将"选择精度：最高层级的选择对象"修改为"选择精度：几何图形"后，再单击门扇即可，如图 11-110 和图 11-111 所示结果。

图 11-110

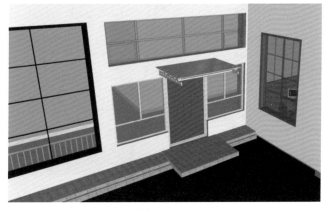

图 11-111

② 选择"常用"选项卡下"工具"面板中"Autodesk Rendring"命令。在"Autodesk Rendring"中选择相应的材质后，单击右键选择"指定给当前选择"即可，如图 11-112 所示。

（2）解决办法 2：利用选择树命令。

① 单击门，再单击"常用选项卡"下"选择和搜索"面板中选择树命令，在"选择树"列表中找到代表门扇的材质，单击左键即可选中门扇如图 11-113 和图 11-114 所示。

图 11-112

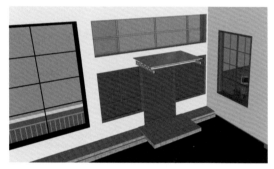

图 11-113

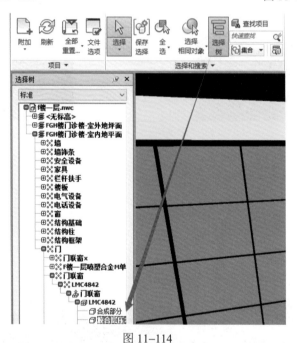

图 11-114

② 选择"常用"选项卡下"工具"面板中"Autodesk Rendring"命令，在"Autodesk Rendring"中选择相应的材质，单击右键，选择"指定给当前选择"即可。

附录 快捷键

附录 A　在场景视图中可用的快捷键

PageUp 键	缩放以查看场景视图中的所有对象
PageDown 键	缩放以放大场景视图中的所有对象
Home 键	转到"主视图"。此键盘快捷键仅适用于"场景视图"窗口。这意味着它仅在此窗口具有焦点时才起作用
Esc 键	取消所有选择内容
Shift 键	用于修改鼠标中键操作
Ctrl 键	用于修改鼠标中键操作
Alt 键	打开或关闭按键提示
Alt+F4	关闭当前活动的可固定窗口（如果该窗口处于浮动状态），或者退出应用程序（如果主应用程序窗口处于活动状态）
Ctrl+0	打开"转盘"模式
Ctrl+1	打开"选择"模式
Ctrl+2	打开"漫游"模式
Ctrl+3	打开"环视"模式
Ctrl+4	打开"缩放"模式
Ctrl+5	打开"缩放窗口"模式
Ctrl+6	打开"平移"模式
Ctrl+7	打开"动态观察"模式
Ctrl+8	打开"自由动态观察"模式
Ctrl+9	打开"飞行"模式
Ctrl+A	显示"附加"对话框
Ctrl+D	打开/关闭"碰撞"模式。必须处于相应的导航模式（即"漫游"或"飞行"）此键盘快捷键才能起作用
Ctrl+F	显示"快速查找"对话框
Ctrl+G	打开/关闭"重力"模式
Ctrl+H	为选定的项目打开/关闭"隐藏"模式
Ctrl+I	显示"从文件插入"对话框
Ctrl+M	显示"合并"对话框
Ctrl+N	重置程序，关闭当前打开的 Autodesk Navisworks 文件，并创建新文件
Ctrl+O	显示"打开"对话框
Ctrl+P	显示"打印"对话框
Ctrl+R	为选定的项目打开/关闭"强制可见"模式

Ctrl+S	保存当前打开的 Autodesk Navisworks 文件
Ctrl+T	打开/关闭"第三人"模式
Ctrl+Y	恢复上次"撤消"命令所执行的操作
Ctrl+Z	撤消上次执行的操作
Ctrl + PageUp	显示上一张图纸
Ctrl + PageDown	显示下一张图纸
Ctrl+F1	打开"帮助"系统
Ctrl+F2	打开"Clash Detective"窗口。此功能仅适用于 Autodesk Navisworks Manage 用户
Ctrl+F3	打开/关闭"TimeLiner"窗口
Ctrl+F4	打开/关闭当前活动的图形系统的可固定窗口（即"Autodesk 渲染"窗口）
Ctrl+F5	打开/关闭"动画制作工具"窗口
Ctrl+F6	打开/关闭"动画互动工具"窗口
Ctrl+F7	打开/关闭"倾斜"窗口
Ctrl+F8	切换"Quantification 工作簿"窗口
Ctrl+F9	打开/关闭"平面视图"窗口
Ctrl+F10	打开/关闭"剖面视图"窗口
Ctrl+F11	打开/关闭"保存的视点"窗口
Ctrl+F12	打开/关闭"选择树"窗口
Ctrl+Home	推移和平移相机以使整个模型处于视图中
Ctrl+右箭头键	播放选定的动画
Ctrl+左箭头键	反向播放选定的动画
Ctrl+上箭头键	录制视点动画
Ctrl+下箭头键	停止播放动画
Ctrl+空格键	暂停播放动画
Ctrl+Shift+A	打开"导出动画"对话框
Ctrl+Shift+C	打开"导出"对话框并允许导出当前搜索
Ctrl+Shift+I	打开"导出图像"对话框
Ctrl+Shift+R	打开"导出已渲染图像"对话框
Ctrl+Shift+S	打开"导出"对话框并允许导出搜索集
Ctrl+Shift+T	打开"导出"对话框并允许导出当前 TimeLiner 进度
Ctrl+Shift+V	打开"导出"对话框并允许导出视点
Ctrl+Shift+W	打开"导出"对话框并允许导出视点报告
Ctrl+Shift+Home	将当前视图设定为主视图
Ctrl+Shift+End	将当前视图设定为前视图
Ctrl+Shift+左箭头键	转到上一个红线批注标记
Ctrl+Shift+右箭头键	转到下一个红线批注标记

Ctrl+Shift+上箭头键	转到第一个红线批注标记
Ctrl+Shift+下箭头键	转到最后一个红线批注标记
F1 键	打开"帮助"系统
F2 键	必要时重命名选定项目
F3 键	重复先前运行的"快速查找"搜索
F5 键	使用当前载入的模型文件的最新版本刷新场景
F11 键	打开/关闭"全屏"模式
F12	打开"选项编辑器"
Shift+W	打开上次使用的 SteeringWheels
Shift+F1	用于获取上下文相关帮助
Shift+F2	打开/关闭"集合"窗口
Shift+F3	打开/关闭"查找项目"窗口
Shift+F4	打开/关闭"查找注释"窗口
Shift+F6	打开/关闭"注释"窗口
Shift+F7	打开/关闭"特性"窗口
Shift+F10	打开关联菜单
Shift+F11	打开"文件选项"对话框

附录 B　在 TimeLiner 中"任务"或"模拟"选项卡中操作时可用的快捷键

默认键盘快捷键	说　明
Esc 键	取消当前的编辑
F2 键	开始编辑选定的字段
任何字符	开始编辑选定的字段
右箭头键	将选择移动到右侧的下一个字段，除非当前字段位于可以展开的树列中。在这种情况下，它会展开该行
左箭头键	将选择移动到左侧的下一个字段，除非当前字段位于可以展开的树列中。在这种情况下，它会展开该行
上/下箭头键	选择当前行上方/下方的行
Shift+上/下箭头键	将选择扩展至当前行上方/下方的行
Ctrl+上/下箭头键	将当前行向上/向下移动，且不更改当前选择
Home 键	选择第一行
Shift+Home	将选择从选择定位行扩展至第一行
Ctrl+Home	将当前行移动到第一行，且不更改当前选择
Ctrl+Shift+Home	将当前行与第一行之间的行添加到选择
END	选择最后一行
Shift+End	将选择从选择定位行扩展至最后一行

默认键盘快捷键	说　明
Ctrl+End	将当前行移动到最后一行，且不更改当前选择
Ctrl+Shift+End	将当前行与最后一行之间的行添加到选择
PageUp/PageDown	选择与当前行向上/向下间隔一页的行
Shift+PageUp/PageDown	将选择扩展至上/下一页
Ctrl+PageUp/PageDown	将当前行向上/向下移动一页，且不更改当前选择
Ctrl+Shift+PageUp/Down	将当前行上/下一页中的行添加到选择
*	从当前单元开始展开整个子树

附录 C　使用测量工具面板（包括锁定）时可用的快捷键

默认键盘快捷键	说　明
X	锁定到 X 轴
Y	锁定到 Y 轴
Z	锁定到 Z 轴
P	锁定到垂直于曲面的点
L	锁定到平行于曲面的点
Enter	快速缩放测量区域
+	使用 Enter 键放大测量区域
−	使用 Enter 键缩小测量区域